3ds Max与V-Ray
室内外效果图实例教程

第二版

高职高专艺术学门类
"十四五"规划教材

职业教育改革成果教材

- 主 编 吴 冰 成 琨
- 副主编 刘建伟 金 鹏
- 参 编 修剑平 高 莹 侯 婷

U0384034

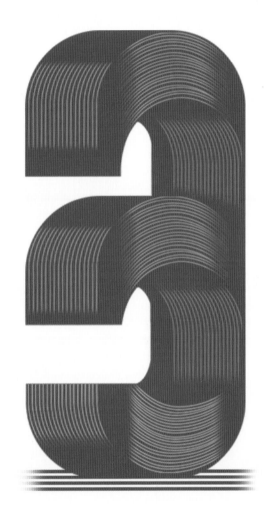

A R T D E S I G N

华中科技大学出版社
http://www.hustp.com
中国·武汉

内 容 简 介

　　本书根据当前社会对高校环境艺术设计专业人才的培养要求编写而成，注重学生设计思维能力的提高及设计实践能力的提高。本书的编写符合环境艺术设计高职教学规范，内容系统、全面，图文并茂，具有较强的实用性和借鉴性。本书的主要知识点以实际案例为载体，具有从简到繁和前后相继的特点。部分单元设置有"思考与能力拓展"小节，在讲解拓展知识点的同时，以"活学活用"为目的，设计有自主学习、训练实例。

　　本书可作为本科高等院校、高等职业院校艺术设计类相关专业的教学教材，也可作为专业技术人员、行业从业人员培训教材。

图书在版编目（CIP）数据

3ds Max 与 V-Ray 室内外效果图实例教程 / 吴冰，成琨主编 . — 2 版 . —武汉：华中科技大学出版社，2021.6
ISBN 978-7-5680-7190-1

Ⅰ.①3…　Ⅱ.①吴…　②成…　Ⅲ.①建筑设计 – 计算机辅助设计 – 三维动画软件 – 教材　Ⅳ.① TU201.4

中国版本图书馆 CIP 数据核字（2021）第 103755 号

3ds Max 与 V–Ray 室内外效果图实例教程（第二版）
3ds Max yu V–Ray Shineiwai Xiaoguotu Shili Jiaocheng（Di-er Ban）

吴冰　成琨　主编

策划编辑：彭中军	
责任编辑：李曜男	
封面设计：优　优	
责任监印：朱　玢	
出版发行：华中科技大学出版社（中国·武汉）	电话：（027）81321913
武汉市东湖新技术开发区华工科技园	邮编：430223
录　　排：武汉创易图文工作室	
印　　刷：湖北新华印务有限公司	
开　　本：880 mm×1230 mm　1/16	
印　　张：10.5	
字　　数：355 千字	
版　　次：2021 年 6 月第 2 版第 1 次印刷	
定　　价：59.00 元	

　　3ds Max 与V-Ray渲染技术是高等学校环境艺术设计专业开设的专业必修课程，是环境艺术设计专业重要课程的组成部分。本课程的学习，能使学生对软件的使用有一个系统、清晰的认识，并且通过案例的分析学习与设计实践技能的训练，掌握室内外效果图设计流程及设计要点，为环境艺术设计的后续专业课程的学习奠定一个扎实的基础。

　　本书本着实用、系统、创新的原则，力求全面体现艺术设计类教材的特点，图文并茂、案例新颖，集理念性、知识性、实践性、启发性与创新性于一体，让本书在传统教材模式的基础上有所突破，使之更加贴近学生的阅读习惯和学习特点，激发学生的求知热情，提高专业实践的能力。教材的编写人员由校内专业教师与校外企业设计师共同组成。在此特别感谢天津瀚海星云数字科技股份有限公司的大力支持，感谢高振元总工程师贡献的室内案例。

　　由于编写时间仓促和编者水平有限，本书难免存在欠妥之处，恳请广大读者和相关专业人士批评与指正。

编　者

2021 年 4 月

目录
Contents

3ds Max yu V-Ray Shineiwai Xiaoguotu Shili Jiaocheng

第 1 单元

初识 3ds Max Design 2012

1.1　三维软件渲染技术介绍

当今社会，在建筑与装饰行业使用计算机三维设计软件进行方案效果的表达已成为基本的设计流程之一。我们一般将用计算机三维设计软件进行数字模型制作，进而完成效果图的计算与生成过程称为渲染。根据需要可以将三维设计方案效果的内容分为三个领域：室内空间效果图、室外建筑效果图和环境景观效果图。在实际的三维效果图的制作过程中，有时为全面表达设计方案的完整性，也将它们综合起来进行表达。

当前国内常用的计算机三维设计软件主要有以下几种：美国 Autodesk 公司出品的 3ds Max、Maya 和 AutoCAD；Google 公司的 sketchup；德国 Maxon Computer 研发的 CINEMA 4D 等。其中，3ds Max 作为一款国内设计界引入最早、综合性强、应用领域广的计算机三维设计软件，广泛地被国内的众多设计机构和设计者采用。本书的教学内容主要是以 3ds Max 软件为平台展开的。

1.2　3ds Max 软件的发展沿革

3ds Max Studio Max，常简称为 3ds Max，是美国 Autodesk 公司开发的基于 PC 系统的三维动画渲染和制作软件。其前身是基于 DOS 操作系统的 3ds Max Studio 系列软件。在 Windows NT 出现以前，工业级的 CG 制作被 SGI 图形工作站所垄断。3ds Max Studio Max+Windows NT 组合的出现一下子降低了 CG 制作的门槛，并开始运用在计算机游戏中的动画制作，后更进一步，开始用于影视片的特效制作，例如《X 战警Ⅱ》《最后的武士》等。

在应用范围方面，3ds Max 广泛应用于广告、影视、工业设计、建筑设计、多媒体制作、游戏、辅助教学以及工程可视化等领域。根据不同行业的应用特点对 3ds Max 的掌握程度也有不同的要求。拥有强大功能的 3ds Max 被广泛地应用于电视及娱乐业中，比如片头动画和视频游戏的制作，在影视特效方面也有一定的应用。而在国内发展相对比较成熟的建筑效果图和建筑动画制作中，3ds Max 的使用率更是占据了绝对的优势。

3ds Max 系列从 1996 年 4 月第一个应用于 Windows 平台的版本 3ds Max Studio Max 1.0 版至今（笔者撰稿时）已经升级更新至 3ds Max 2021 版，每个更新的版本在上一个版本的基础上进行了改进，也增加了一些新的功能。但高版本对于计算机的硬件要求也相应提高了。笔者建议读者安装使用对计算机硬件要求一般的中期及以上版本，但不建议安装最新版本，因为对于以制作静态帧为主的室内外效果图，中期版本的软件功能够用了，且对于以 3ds Max 为使用平台的 V-Ray 等渲染插件也是支持的。

　　另外有一点需要说明，3ds Max 各级别版本之间在制作文件的保存上需要注意兼容性的问题，即使用高级别版本制作的文件无法在低级别版本打开。而现在大量共享性的模型素材库，如家具、陈设、植物等多为中期以上版本制作，因此版本最好也不应太低。

　　本书采用的软件版本为 3ds Max Design 2012 版（其界面见图 1-1），是 3ds Max 系列中专为建筑设计、景观规划设计和室内设计开发的应用版本。

图 1-1　3ds Max Design 2012 版界面

1.3　3ds Max 室内效果图制作流程

使用 3ds Max 软件进行室内效果图制作的基本流程如下：

（1）导入由 AutoCAD 等制图软件制作的空间平面图、立面图；

（2）根据平面图、立面图建立建筑空间模型；

（3）制作或导入三维建筑构件、家具、陈设和植物模型；

（4）根据效果图构图需要建立相应的摄影机；

（5）根据方案和场景需要设置并调试灯光；

（6）根据装饰材料的特性合理地为三维模型铺贴材质贴图；

（7）进行效果图的低精度渲染出图测试；

（8）进行效果图的高精度渲染出图；

（9）使用 Photoshop 软件进行效果图的后期修饰。

1.4 了解 3ds Max 软件的操作界面

安装 3ds Max Design 2012 软件（安装过程略），双击打开软件（初始界面见图 1-2）。

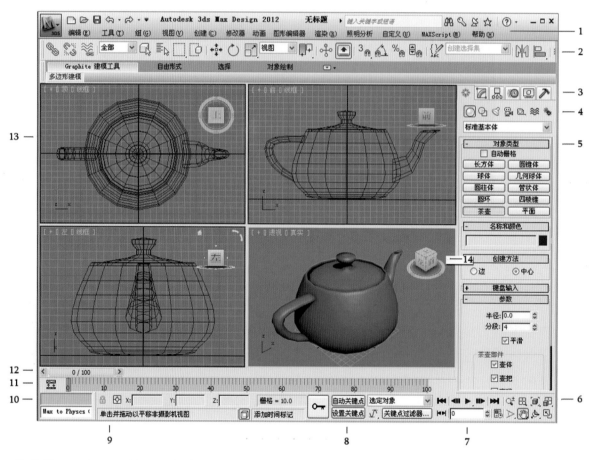

1—菜单栏；2—主工具栏；3—命令面板选项卡；4—"创建"面板；5—卷展栏；6—视图导航按钮；7—动画播放控件；8—动画关键点控件；9—提示行和状态栏；10—MAXScript 迷你侦听器；11—轨迹栏；12—时间滑块；13—视口（视图）

图 1-2 3d Max Design 2012 初始界面图

进入软件界面可看到 3ds Max 操作界面由占主体面积的四个视图窗口组成，其默认视图窗口从左至右分别为 Top（顶视图）、Front（前视图）、Left（左视图）、Perspective（透视图）。三维模型建立和编辑操作可从这四个视图中观察，鼠标在任一视图窗口上单击右键可激活该视图。在操作界面右侧的 ✳ 创建（Create）面板上单击 Teapot（茶壶）按钮，在透视图中单击鼠标并拖动可以创建出一个茶壶体，观察它在各视图中的显示情况，可以很直观地认识各视图。

1.5　菜　单　栏

位于操作界面最上部的菜单栏（见图 1-3）包括了没有显示在 3ds Max 默认工具栏上的所有编辑和操作命令。

图 1-3　菜单栏

1.6　主 工 具 栏

位于操作界面上部的主工具栏（见图 1-4）面板上有常用的 Undo（前一步）、Redo（后一步）、Link（选择并链接）、Select（选择对象）、Select and Move（选择并移动）、Select and Rotate（选择并旋转）、Select and Uniform Scale（选择并缩放）、Mirror（镜像）、Align（对齐）、Layer（层管理器）、Material Editor（材质编辑器）、Render Production（快速渲染）等选项。

图 1-4　主工具栏

1.7　视 图 窗 口

3ds Max 的四个默认视图窗口既可以通过单击视图导航器切换，又可以通过在位于每个视窗左上角的视图名称上单击鼠标右键进行切换，更快捷的方法是使用快捷键。视图窗口的切换如图 1-5 所示。

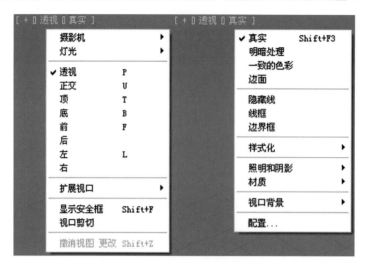

图 1-5　视图窗口的切换

【小贴士】

（1）各视图间的比例大小可通过鼠标左键在视图窗口边界拖拽来改变。

（2）视图窗口所有参数修改可通过任一视图左上角单击右键，选择 Configuration（配置）选项进行设定或更改。

1.8　命　令　面　板

命令面板在 3ds Max Design 窗口的右侧。可将该面板"停靠"在 3ds Max Design 窗口的其他边上，或者将其设为浮动面板。

1. ❉创建面板

包含用于创建对象的控件：几何体、摄影机、灯光、对象名称等。创建面板提供用于创建对象的控件，该项目的详细参数包含在卷展栏中。可以在整个场景模型创建的过程中不断地在该面板中添加和编辑对象。

2. ⌇修改面板

包含用于将修改器应用于对象，以及编辑可编辑对象（如网格、面片）的控件。通过创建面板创建的对象每个都有一组自己的参数。放到场景中之后，对象的参数可在修改面板中更改。

3. 品层次面板

包含用于管理层次、关节和反向运动学中链接的控件。通过层次面板可以访问用来调整对象间层次链接的工具。通过将一个对象与另一个对象相链接，可以创建"父子关系"。

4. ⚙️运动面板

包含动画控制器和轨迹的控件。

5. 🖥️显示面板

包含用于隐藏和显示对象的控件，以及其他显示选项。

6. 🔨工具面板

使用工具面板可以访问各种工具程序，工具为插件提供载入服务。

【小贴士】

　　3ds Max Design 执行操作和编辑命令有三种方法，即各工具栏中的命令图标、菜单栏和相应命令的快捷键。

1.9　视图的操作工具

要在场景中实现导航，可使用位于窗口右下角的视图导航按钮，如图 1-6 所示。

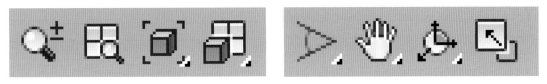

| 缩放 | 缩放所有视图 | 最大化显示 | 所有视图最大化显示 | 视野 | 平移视图 | 弧形旋转 | 最大化视口切换 |

图 1-6　视图导航按钮

1.10　标准几何体的创建

✳️创建命令面板上的 ◯ 几何体，包含常用的基本几何体。

　　（1）单击 Box（长方体），在顶视图或透视图中拖拽建立长方体的同时可看到 Parameters（参数）的变化，如图 1-7 所示。

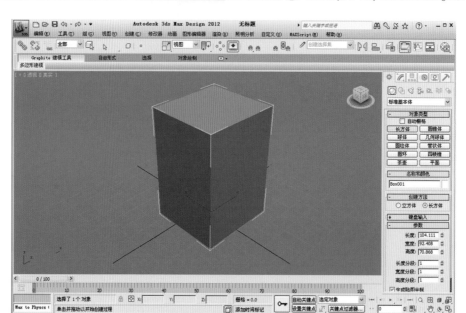

图 1-7　拖拽建立长方体

（2）长方体创建后通过 修改（Modify）面板来修改参数，可观察其变化。

（3）单击 Sphere（球体），在任一视图中拖拽建立球体，如图 1-8 所示。

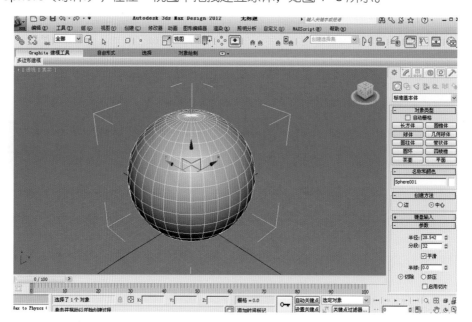

图 1-8　拖拽建立球体

（4）通过 命令面板可修改参数。其中，分段（Segments）值用于控制球体边面数量，随着值的增大，物体会越平滑，显示效果也越理想。

【小贴士】

（1）球体的边面显示效果可通过在视图左上角单击右键，选择边面（Edged Faces）命令实现。

（2）物体选择和操纵时的坐标可通过键盘上的【X】键开启或关闭。

（3）在复杂的三维场景中，对于近景表现可适当增加边面数量，反之应降低，如此可提高运算效率。

尝试自行创建并修改几何体命令面板中其他常用基本几何体。

1.11　拓展几何体的创建

（1）单击✳命令面板中的◯下拉菜单中的 Extended Primitives（扩展基本体），如图 1-9 所示。

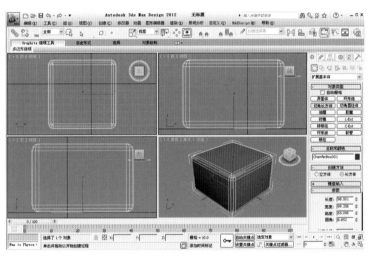

图 1-9　扩展基本体

（2）单击 Chamfer Box（切角长方体），在任一视图中拖拽建立切角长方体并通过🖌命令面板修改参数，同时观察其变化。

（3）尝试创建并修改其他拓展几何体。

【小贴士】

　　拓展几何体可创建带有圆角的立方体和圆柱体等复杂模型。

1.12　选择、移动、旋转与缩放

1.12.1　按区域选择

　　借助区域选择工具（见图 1-10），用鼠标即可通过轮廓或区域选择一个或多个对象。

图 1-10　区域选择工具

（1）使用矩形区域选择面子对象。

（2）使用圆形区域选择顶点子对象。

（3）使用绘制区域选择面子对象。

（4）使用围栏区域选择边子对象。

（5）使用套索区域选择边子对象。

1.12.2　按名称选择

在主工具栏上，单击 ≣≣ （按名称选择）按钮，从而无须单击视图窗口便可按对象的指定名称选择对象。

1.12.3　按【H】键

打开"从场景选择"对话框，在默认情况下，该对话框列出场景中的所有对象，所有选定的对象会在列表中高亮显示。

1.12.4　子对象选择

在编辑基本几何体，例如一组面或顶点时，最常用的方法是将对象转化为可编辑几何体，对其子对象层级进行编辑，如图 1-11 所示。

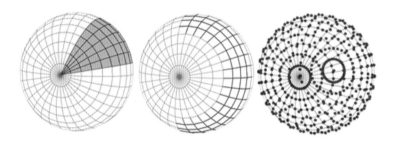

　　面子对象选择　　　　　　　　边子对象选择　　　　　　顶点子对象选择

图 1-11　编辑子对象

1.12.5　移动、旋转和缩放

要更改对象的位置、方向或比例，可单击主工具栏上的三个变换按钮（分别是移动、旋转和缩放），或者从快捷菜单中选择变换，如图 1-12 所示。

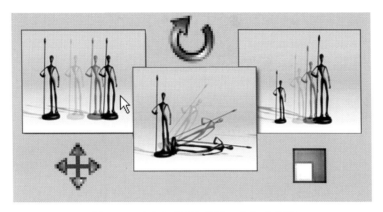

图 1-12　更改对象的位置、方向或比例

1.13　复制、镜像、阵列和对齐工具

1.13.1　复制

复制对象可通过菜单栏中的 Edit（编辑）中的 Clone（克隆）命令实现；或者选择对象的同时按住键盘上的【Shift】键拖动，在弹出的选项窗口中进行设置来实现复制操作。

1.13.2　镜像

使用 镜像对话框可以创建镜像对象，如图 1-13 所示。

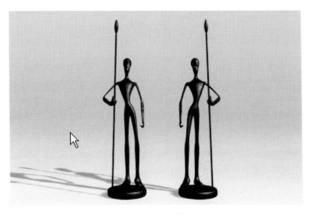

图 1-13　镜像

1.13.3　对齐

按住 命令，将显示"对齐"按钮，弹出"对齐"对象的六种不同工具。对齐可以将当前选择与目标选择

进行对齐，如图 1-14 所示。

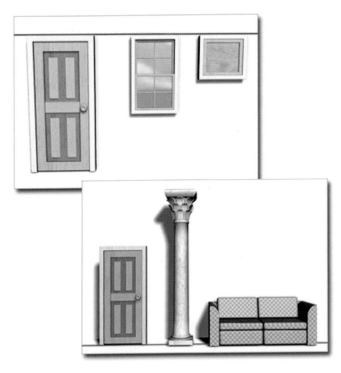

图 1-14　对齐

1.13.4　阵列

在菜单栏中单击"工具"中的"阵列"命令，可基于当前选择创建对象阵列。使用"阵列维度"组中的项目可以创建一维、二维和三维阵列，如图 1-15 所示。

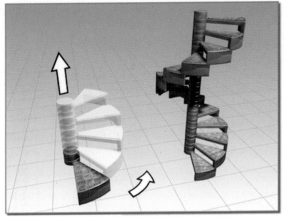

（a）圆形阵列　　　　　　　　　　　　　（b）螺旋形阵列

图 1-15　阵列操作

【 思考与能力拓展——方桌和圆凳的制作练习 】

创建基本几何体，通过移动、复制等工具组合出简单方桌和圆凳的模型。

3ds Max yu V-Ray Shineiwai Xiaoguotu Shili Jiaocheng

第 2 单元
二维图形实例模型的创建与编辑

本单元通过简单二维图形的绘制与编辑来学习建立三维模型的方法。

2.1　实例制作——窗帘（放样建模）

本节通过制作窗帘实例来学习 ⚙ 中的 Shapes（图形）和 Compound Objects（复合对象）中的三维物体放样建模的方法。

（1）单击 ⚙ 按钮，单击 Line（线）命令，将 Creation Method（创建方法）子项目下的 Initial Type（初始类型）中的 Corner（角点）改为 Smooth（平滑）。

【小贴士】

（1）选项 Corner（角点）为尖角，改为 Smooth（平滑）后曲线为光滑圆角。

（2）绘制曲线前可通过单击位于界面右下角的 ⊡（视图缩放）图标将顶视图放大（快捷键为【Alt】+【W】键）；也可在绘制到视图边界时按住键盘的【I】键使视图边界与绘制动作同步延伸。

（2）在顶视图中绘制波浪状线条，如图 2-1 所示，通过右键结束二维图形的创建。

（3）绘制第二根线条，波浪幅度稍大，如图 2-2 所示。

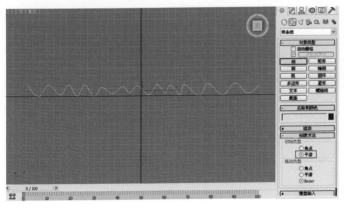

图 2-1　波浪状线条的绘制

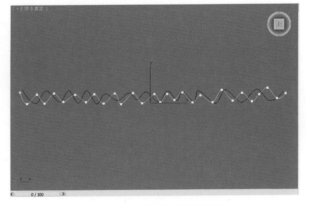

图 2-2　第二条波浪状线条的绘制

（4）按键盘的【F】键切换到前视图，使用界面右下角的 ⊕（或滑动鼠标滚轴键）和 ✋（或按住鼠标滚轴键拖动）将视图缩放并移动到合适的大小。

（5）选择两条曲线中的任一条，将其垂直向下移动一定距离。

（6）在前视图中绘制一根直线，如图 2-3 所示。

（7）选直线后再选择 ⚪，在其下边扩展中选择"复合对象"，如图 2-4 所示。

（8）单击 Loft（放样）按钮，单击子项目中的 Get Shape（获取图形）按钮，将鼠标移动到上部的曲线处，出现拾取符号时单击鼠标，完成放样，如图 2-5 所示。

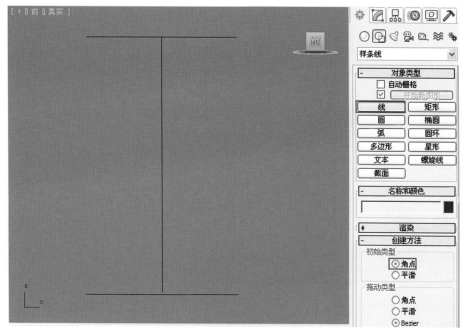

图2-3　在前视图绘制一根直线

图2-4　选择"复合对象"

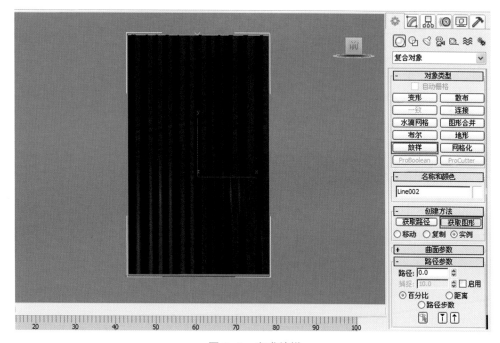

图2-5　完成放样

（9）单击菜单中的 按钮，将文件命名为"窗帘"进行保存。

【小贴士】

（1）3ds Max Design 软件操作界面背景和工具可通过"自定义"菜单进行设定，可根据自己的需要任选一风格的用户界面。

（2）视图中背景定位用栅格的显示和关闭可以通过快捷键【G】来实现。

（3）放样后得到的模型可在 命令面板中进行相关修改。

2.2　实例制作——青花瓷花瓶（车削建模）

（1）单击菜单中的 ▢ 按钮，新建场景文件。

（2）选择 ▱ 命令，运用线绘制花瓶截面，如图2-6所示。

（3）在 ⟋ 命令面板中，单击 ⁙ 命令，移动点，优化截面，如图2-7所示。

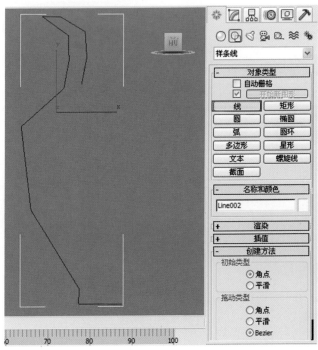

图2-6　绘制花瓶截面

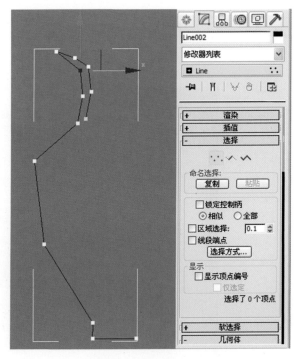

图2-7　优化截面

（4）继续优化点的形状，将点的类型由角点改为平滑，如图2-8所示。

（5）选曲线上相应的点，再次调整点的位置，如图2-9所示。

（6）在 ⛗ Hierarchy（层次）命令面板的 Pivot（轴）项目中单击 Affect Pivot Only（仅影响轴）按钮，将轴向图标移动到相应位置，如图2-10所示。

（7）在 ⟋ 中的 ▾ 中选择 Lathe（车削），完成花瓶模型的建立，如图2-11所示。

（8）单击菜单中的 🖫 按钮，命名为"花瓶"，保存模型。

【小贴士】

（1）因观察角度的原因，花瓶内部的截面线可部分省略。

（2）Lathe（车削）的参数面板中 Degrees（度数）的数值用于车削的角度控制；勾选 Weld Core（焊

接内核）可将中心点焊接，达到底部平滑的效果；Segments（分段）用于控制边面数量。

（3）如发现花瓶内部的面被显示出来，说明物体的法线翻转了。可通过勾选车削的参数面板中的 Flip Normals（翻转法线）来纠正。

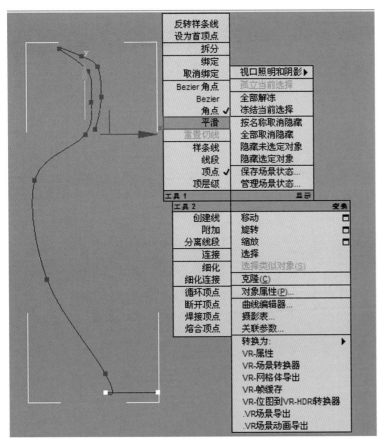

图 2-8　优化点的形状

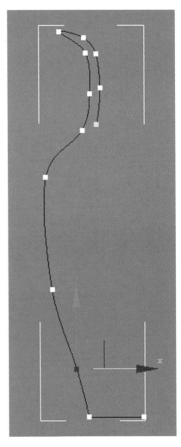

图 2-9　再次调整点的位置

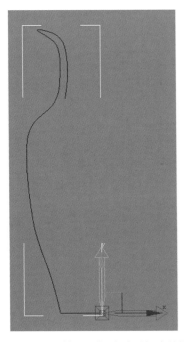

图 2-10　将轴向图标移动到相应位置

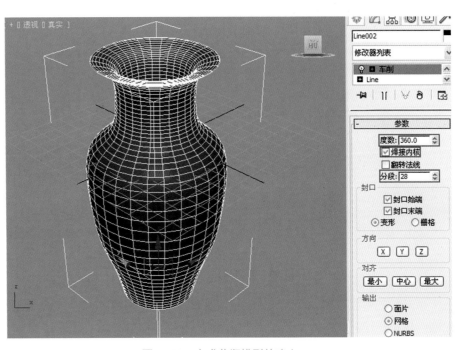

图 2-11　完成花瓶模型的建立

2.3　实例制作——钢管椅

本节将学习运用二维图形与基本几何体创建钢管椅模型。

2.3.1　钢管椅金属框架制作

（1）单击 按钮，新建场景文件。

（2）选择 的线命令，在左视图绘制钢管椅框架，通过【Shift】键可以画出水平线或垂直线，如图2-12所示。

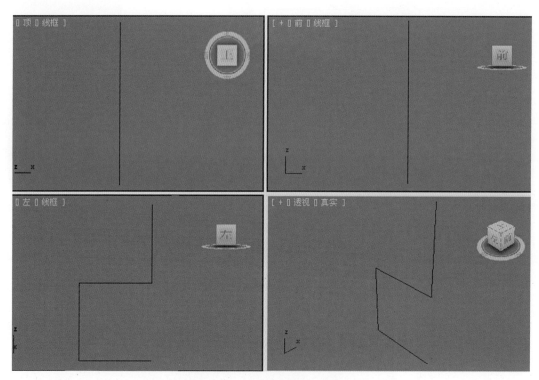

图2-12　绘制钢管椅框架

（3）选择绘制的线段，通过【Shift】键，沿X轴复制，在弹出的克隆窗口中选择复制选项，复制出另一侧的框架，如图2-13所示。

（4）在透视图中，单击 （捕捉开关）按钮，使用画线命令将光标移动到其中一侧钢管椅的顶点，当出现十字光标后单击鼠标。接着将光标移动到另一侧相对的顶点上，当十字光标出现后再次单击鼠标，单击鼠标右键完成直线绘制，将两个框架连接起来，如图2-14所示。

（5）重复上一步骤，将底部连接，如图2-14所示。

（6）选择任一条框架线，单击 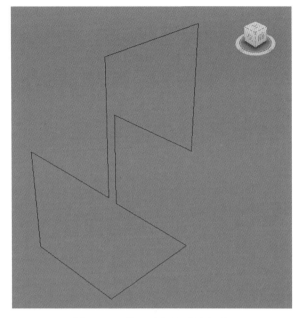 命令面板中的 Attach（附加）按钮，完成 4 条线段的合并，如图 2-15 所示。

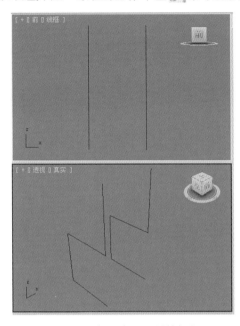

图 2-13　复制出另一侧的框架

图 2-14　将两个框架连接起来

（7）选择合并后的框架，单击 中的 层级，在视窗中单击鼠标左键框选框架上端的点，单击 Weld（焊接）按钮，将相邻的两个角点焊接在一起。继续框选其他的角点，用同样的方法完成焊接，如图 2-15 所示。

（8）框选所有（焊接）后的点，单击鼠标右键，在菜单中将点的属性改为角点。

（9）确保所有的点处于选择状态下（红色），单击 命令面板中的 Fillet（圆角）按钮，将鼠标移动到视图中图形的任意一个点，当出现圆角提示符号时，拖动，将所有的角点处理成圆角，如图 2-16 所示。

（10）选图形，在 命令面板中的 Rendering（渲染）项，勾选 Enable In Renderer（在渲染中启用）和 Enable In Viewport（在视口中启用）项，将 Thickness（厚度）值适当提高，得到钢管椅金属框架，如图 2-17 所示。

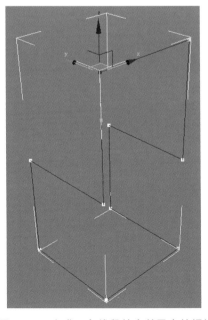

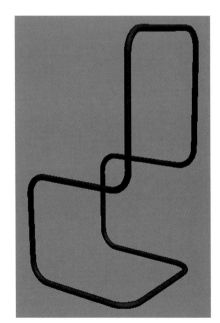

图 2-15　完成 4 条线段的合并及点的焊接　　图 2-16　将所有的角点处理成圆角　　图 2-17　钢管椅金属框架

（11）单击 命令面板中的 ，在前视图中框选钢管椅框架上部的两个点（可以看到带有控制句柄的点），单击鼠标右键，在显示的菜单中将控制点的属性改为 Bezier（贝塞尔），如图 2-18 所示。

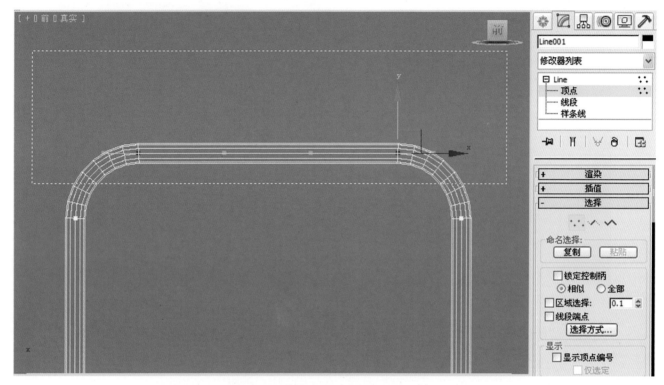

图 2-18　将控制点的属性改为 Bezier

（12）按【T】键转到顶视图，分别将图 2-19 中两个点上的控制句柄向下拖。

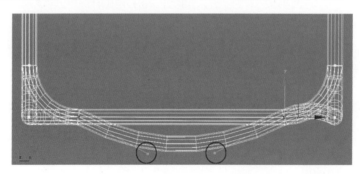

图 2-19　将控制句柄向下拖

（13）再次选择两个点，将其整体向下移动到图 2-20 中的位置并适当调节控制句柄，完成制作，命名为"钢管椅框架"并保存。

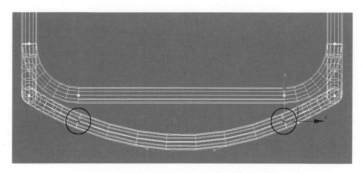

图 2-20　再次选择两个点，将其整体向下移动

2.3.2　钢管椅座面及靠背制作

1. 制作座面

（1）在⚪项目中，单击长方体按钮，在顶视图中创建出如图 2-21 所示的长方体，在🔧命令面板中将 Length Segs（长度分段）和 Width Segs（宽度分段）值改为 5，Height Segs（高度分段）值改为 1。

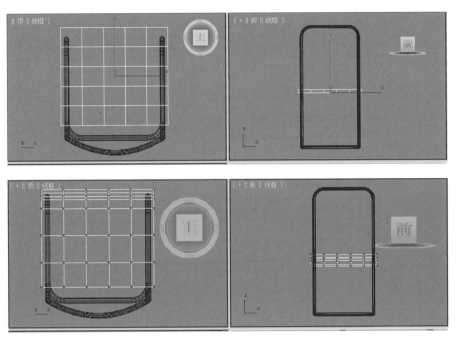

图 2-21　创建长方体

（2）在座面处于选择状态下单击鼠标右键，在出现的菜单中选择 Convert To（转换为）中的 Convert to Editable Poly（转换为可编辑多边形）。

（3）在🔧中单击⚬⚬，框选位于长方体前部纵向的几排点，通过移动和旋转将其调整为图 2-22 中的形态。

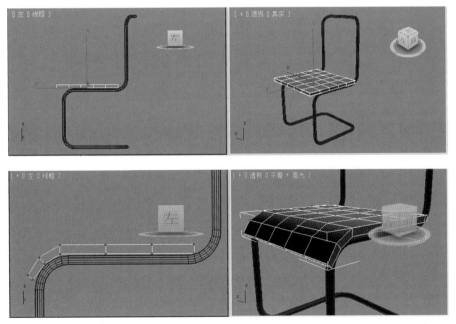

图 2-22　调整形态

（4）在 命令面板的 ▼（拓展菜单）中选择 MeshSmooth（网格平滑），将 Subdivision Amount（细分量）项目中的 Iterations（迭代次数）值改为 2，完成平滑处理，命名为"座面"并保存，如图 2-23 所示。

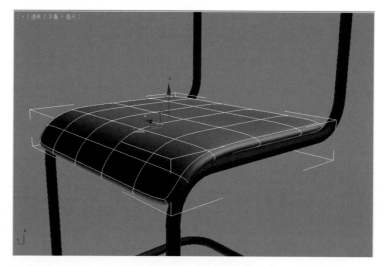

图 2-23　完成平滑处理

2.　制作靠背

（1）在 ○ 项目中，单击长方体按钮，在前视图中创建出长方体。

（2）在 中将长度分段值改为 3，宽度分段值改为 5，高度分段值改为 1，移动到相应的位置，如图 2-24 所示。

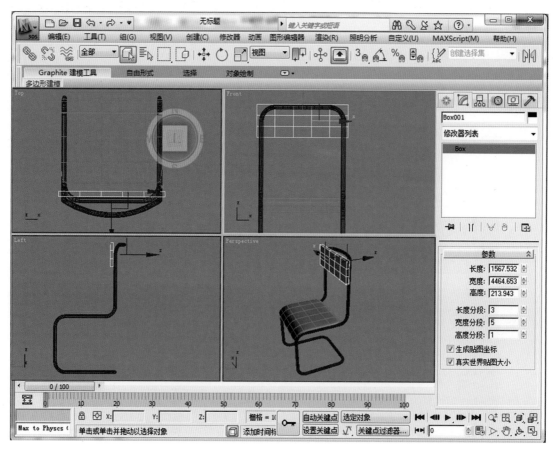

图 2-24　设定长度、宽度、高度的值

（3）在 中的 ▼ 中添加 FFD（长方体），单击设置点数，将高度值改为 2 mm，单击确定，如图 2-25 所示。

（4）在 ◢ 中单击 Control Points（控制点）选项后，框选位于中间的控制点，向下移动到如图 2-26 所示的位置。

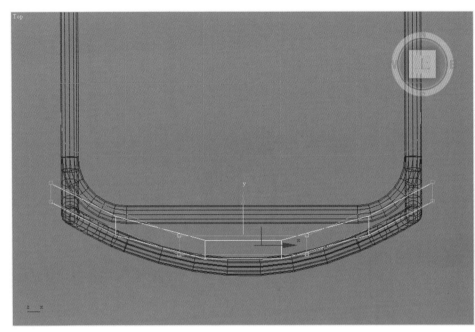

图 2-25　更改高度值　　　　　　　　　　　　　　　　　图 2-26　向下移动

（5）在 ◢ 命令面板中 ▼ 单选网格平滑，将迭代次数值改为 2，完成平滑处理，将其命名为"靠背"并保存，如图 2-27 所示。

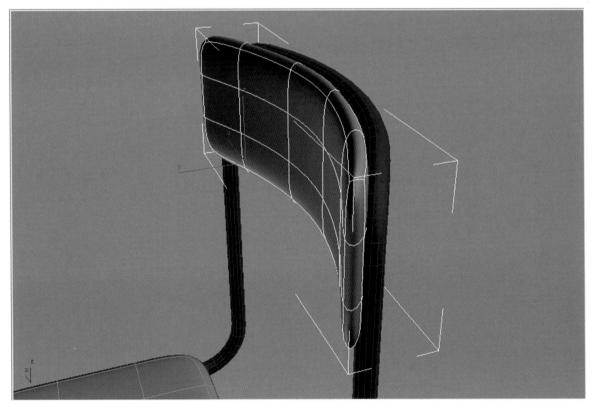

图 2-27　完成平滑处理

（6）框选所有物体，在菜单栏中选择 Group（成组），命名为"钢管椅"并保存，如图 2-28 所示。

图 2-28　命名并保存

【思考与能力拓展——制作酒杯练习】

请尝试用所学的工具与命令创建出如图 2-29 所示的玻璃酒杯模型（模型实例在提供的光盘中，可打开学习）。

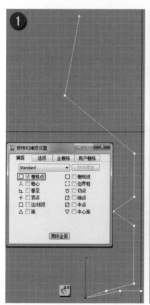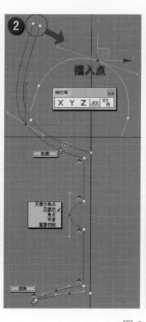

图 2-29　玻璃酒杯模型

3ds Max yu V-Ray Shineiwai Xiaoguotu Shili Jiaocheng

第 3 单元

三维实例模型的创建与编辑

本单元通过三维实例的创建来学习三维模型的编辑。

3.1 多种建模方式及编辑工具介绍

建模是三维制作的基础，其他工序都依赖于这个环节。离开模型这个载体，材质、灯光及最终的渲染等都没有了实际的意义。3ds Max 的建模系统主要有 Polygon（多边形）、Patch（面片）和 NURBS 曲线三种。

Polygon 建模是比较传统的建模方法，也是目前发展最为完善和使用率最高的一种方法，因为比其他两种建模方法更容易实现手工控制和模型精简，所以在建筑和室内效果图设计和制作中被广泛使用。

Patch 建模是介于 Polygon 建模和 NURBS 曲线之间的一种建模方法，使用率不高。它主要以曲线的调节方法来调节曲面，主要用于生物有机模型的创建，如复杂的动物、各种植物模型等。

NURBS 曲线建模方法是目前比较流行的建模方法，它能产生平滑连续的曲面。其最大的优势在于表面精度的可靠性，可在不改变外形的前提下自由控制曲面的精细程度，而这对于 Polygon 建模方法来说几乎做不到。这种建模方法尤其适用于工业造型、生物有机模型的创建。

本书将重点围绕 Polygon 建模方法进行讲解。

布尔运算可以实现模型之间的加减运算，在实际制作中会常常用到。它的优点是使我们的制作思维更加简单、直接。例如早期在制作室内空间时，可以直接在墙上凿出门洞和窗洞。但由于布尔运算在操作后易形成不规则的边面或破损面，所以现在已很少用在墙面门洞和窗洞的制作上了。但在二维图形的绘制和简单家具模型的制作中其应用还是比较多的。

图 3-1 所示为三维布尔运算模型与二维图形挤出模型的比较。

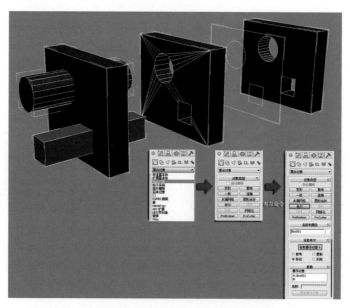

图 3-1 三维布尔运算模型与二维图形挤出模型的比较

3.2　实例制作——玻璃茶几

（1）单击菜单中的 🗋，新建场景文件。

（2）单击 ◯，在 ▼ 扩展菜单选择扩展基本体，创建切角长方体，如图 3-2 所示。

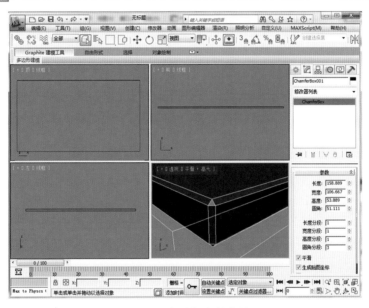

图 3-2　创建切角长方体

（3）单击 ◯，在 ▼ 扩展菜单中选择标准几何体选项，创建长方体，参数如图 3-3 所示，并进行茶几腿的复制。

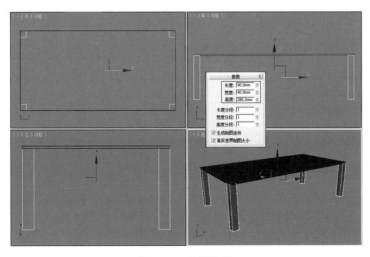

图 3-3　参数设置

【小贴士】

　　【D】键可暂时停止对视图窗口的刷新，再次按【D】键可恢复刷新。暂停非操作窗口的刷新可降低系统运算量，特别是创建复杂的场景时更是如此。

　　（4）单击长方体，修改参数，创建横枨，移动到如图3-4所示的位置。

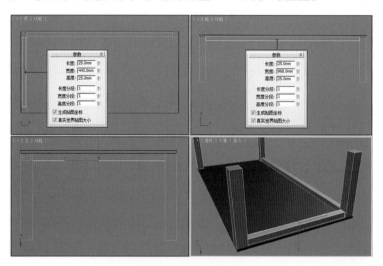

图3-4　创建横枨

　　（5）如图3-5所示，将横枨复制并移动到位。

　　（6）在前视图中创建圆柱并通过 ⌒ 修改参数，移动到如图3-6所示的位置。

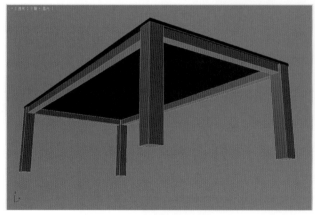

图3-5　将横枨复制并移动到位

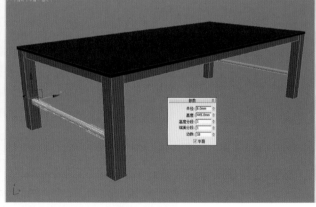

图3-6　创建圆柱

　　（7）选择 □，在前视图中绘制出玻璃底板截面，如图3-7所示。

图3-7　绘制出玻璃底板截面

（8）选择截面，转换为可编辑样条线，如图3-8所示，删除线段。

（9）按【3】键选择线段，单击修改面板上的Outline（轮廓线）按钮，将数值设为 –10 mm，如图3-9所示。

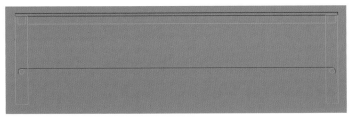

图3-8　删除线段

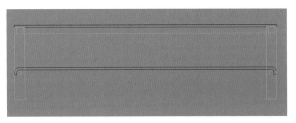

图3-9　修改数值

（10）在 命令面板，添加Extrude（挤出），设置挤出厚度，效果如图3-10所示。

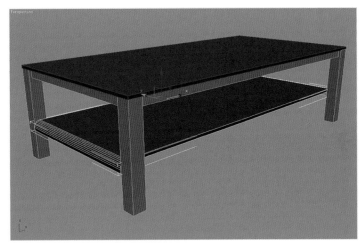

图3-10　设置挤出厚度

（11）选择并组装全部物体，命名为"玻璃茶几"，将其保存。

3.3　实例制作——液晶电视机

（1）单击菜单中的 ，新建场景文件。

（2）在 中，单击长方体按钮，在前视图中创建长方体，在 命令面板中将其长度值设为552 mm，宽度值设为928 mm，高度值设为40 mm。

（3）将其转换为可编辑多边形，在 命令面板中单击 。

【小贴士】

　　在 命令面板中进行编辑时，按键盘上的快捷键1、2、3、4、5分别对应着Vertex（顶点）、Edge（边）、Border（边界）、Polygon（多边形）、Element（元素）的编辑。

（4）如图 3-11 所示，在透视图中配合【Ctrl】键复选长方体的边，单击鼠标右键，在出现的菜单中选择 Connect（连接）命令前的▣图标，在弹出的浮动窗口中将 Segments（分段）和 Pinch（收缩）值分别填为 2 和 90，单击✅，如图 3-12 所示。

（5）如图 3-13 所示，继续浮动窗口中的操作，将 Segments（分段）和 Pinch（收缩）值分别设为 3 和 90，单击✅。

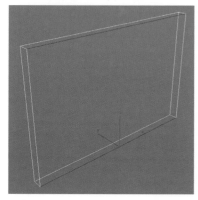

图 3-11　复选长方体的边

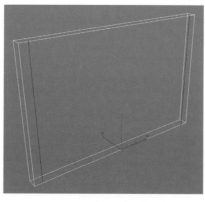

图 3-12　填写分段和收缩值

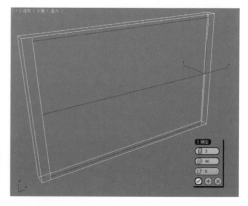

图 3-13　重新设定分段和收缩值

（6）如图 3-14 所示，将视图切换为前视图，按键盘上的【1】键，选择点并将其移动到相应的位置。

（7）如图 3-15 所示，将视图切换为透视图，按键盘上的【4】键，选择电视荧屏平面后单击右键，在出现的菜单中选择挤出命令前的▣图标，在弹出的浮动窗口中将 Extrusion Height（挤出高度）数值填为 −10 mm，单击✅。

图 3-14　视图切换

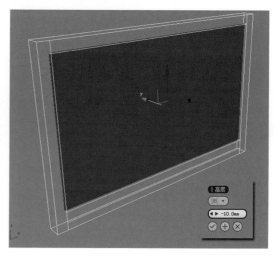

图 3-15　将视图切换为透视图

【小贴士】

选择电视荧屏前，在✏命令面板中勾选 Ignore Backfacing（忽略背面）选项，可避免误选前后重叠面。

（8）在透视图中，同时按住键盘上的【Alt】键和鼠标中键，翻转到电视背面，在背面编辑如图 3-16 所示的边面划分。

（9）在透视图中，选择电视背面需要挤出的面，单击鼠标右键，在出现的菜单中选择挤出命令前的▣图标，在弹出的浮动窗口中将挤出高度值设为 30 mm，单击✅，如图 3-17 所示。

（10）选择并编辑电视背面上的点，调整到如图3-18所示的位置。

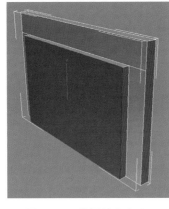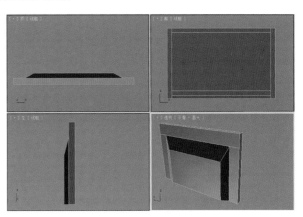

图 3-16　边面划分　　　　图 3-17　设置挤出高度　　　　图 3-18　调整位置

（11）选择 ⊙命令面板中的 Text（文本），在前视图中绘制文本。如图3-19所示，修改相关参数，将"Haier"标志文字放置在相应位置。

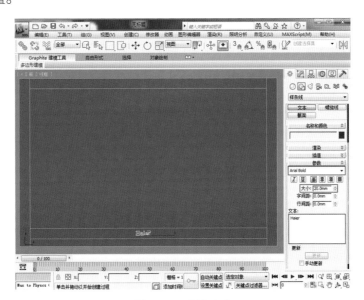

图 3-19　标志文字

（12）在 ⚙命令面板的 ▼（拓展菜单）中选择挤出命令，将挤出数量改为 5 mm，转化为三维模型，放置在如图 3-20 所示的位置。

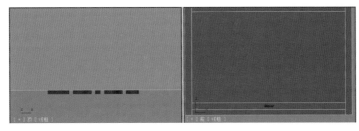

图 3-20　放置位置

（13）制作底座。

①在顶视图中，通过 ○创建出长方体，在 ⚙命令面板中将长方体的长度值设为 240 mm，宽度值设为 370 mm，高度值设为 15 mm。选择 ⊟对齐工具将底座与电视机体对齐，移动到如图 3-21 所示的位置。

图 3-21　底座与电视机体对齐

②选中底座，单击鼠标右键，在出现的菜单中选择 Hide Unselected（隐藏未选定对象）将电视机体隐藏。

③将底座转换为可编辑多边形，在 ![icon] 命令面板中单击 ![icon]，使用【Ctrl】键，配合【Alt】键与鼠标中键（滚轴键）将多边形的 4 条边选出。

④单击 ![icon] 命令面板中的 Chamfer（切角）按钮，在透视图中的 4 条边中任一边处按住鼠标左键向内拖动，得到适当的切角后继续重复向内拖动，再进行 2 次切角操作，结束编辑。其效果如图 3-22 所示。

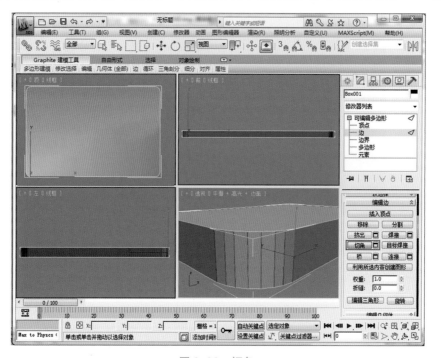

图 3-22　切角

【小贴士】

　　使用 Chamfer（切角）对三维物体的边进行多次切角时应注意控制切角不能过大，否则会出现"破面"现象。

⑤选择底座，单击鼠标右键，在出现的菜单中选择 Unhide All（全部取消隐藏）取消物体隐藏。

⑥在 ![icon] 中，创建出圆柱体，按图 3-23 所示修改参数。应用 ![icon] 工具将圆柱体与电视机体对齐，并移动到适当位置。

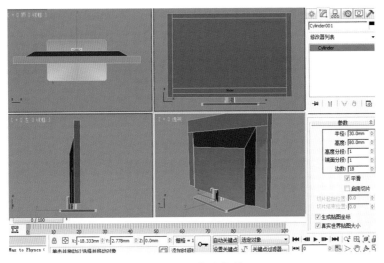

图 3-23　修改参数

（14）成组并命名为"液晶电视"，同时将其保存。

【小贴士】

对一些在渲染时不需要表现的细节可以在建模时省略，例如液晶电视的背面细节是不需要制作出来的。同样，其他类型的模型根据具体情况也可以简化一些不必要的细节。

3.4　实例制作——实木门

（1）单击菜单中的 📄，新建场景文件。

（2）在 ○ 中，单击长方体命令，在顶视图中创建长方体，参数设置如图 3-24 所示。

（3）将长方体转换为可编辑多边形，按键盘上的【1】键，切换 ∴。

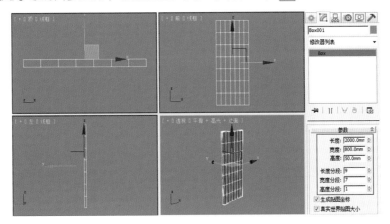

图 3-24　参数设置

（4）如图 3-25 所示，在前视图中框选长方体横向上的点，通过移动和缩放调整到合适的位置。

（5）如图 3-26 所示，将视图切换为透视图，按键盘上的【4】键。配合【Ctrl】键选择出需要的面后单击鼠标右键，在出现的菜单中选择 Bevel（倒角）命令前的 图标，在弹出的浮动窗口中将高度值设为 -20 mm，Outline Amount（轮廓量）值设为 -20 mm，单击 完成一次挤压。

（6）如图 3-27 所示，继续在弹出的浮动窗口中将高度值设为 20 mm，轮廓量值设为 -20 mm，单击 完成二次挤压。

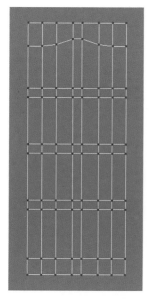

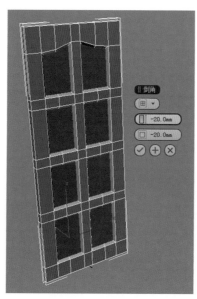

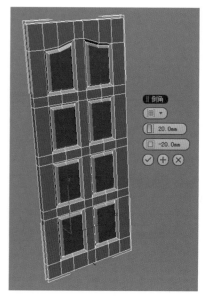

图 3-25　调整到合适的位置　　　　　图 3-26　一次挤压　　　　　　　图 3-27　二次挤压

（7）制作门把手。

①在 中，在前视图中创建球体，将 Radius（半径）值设为 30 mm，分段值设为 28 mm，Hemisphere（半球）值设为 0.2 mm，如图 3-28 所示。

②按键盘上的【Z】键，将球体在视窗中最大化显示，将球体转换为可编辑多边形。按键盘上的【4】键，切换 ，如图 3-29 所示。

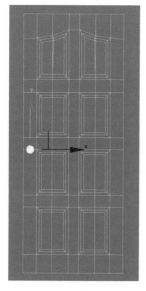

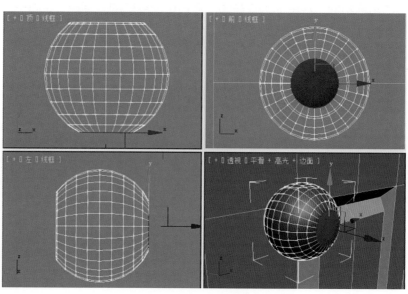

图 3-28　创建球体　　　　　　　　　　　　图 3-29　编辑球体

③在前视图中框选出位于球体前部的面，单击右侧修改面板中的 Edit Geometry（编辑几何体）中的 Make Planar（平面化）按钮。在顶视图中将平面化的面向后移动一些，如图3-29所示。

④单击鼠标右键，选择倒角命令前的▣，在浮动窗口中将高度值设为 –4 mm，轮廓量值设为 –2 mm，单击☑完成一次挤压，如图3-30所示。继续倒角命令，在浮动窗口中将高度值设为 –20 mm，轮廓量值设为 –2 mm，单击☑完成二次挤压。

⑤如图3-31所示，继续在浮动窗口中将挤出高度值设为 24 mm，轮廓量值设为 –2 mm，单击☑完成三次挤压。

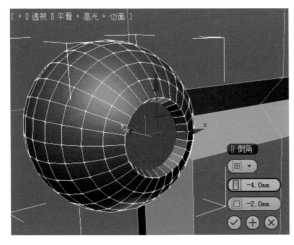

图3-30 一次挤压

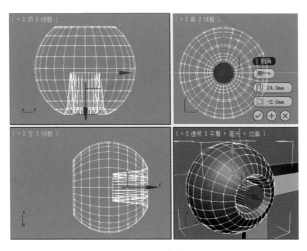

图3-31 三次挤压

⑥在🖌️命令面板中勾选忽略背面选项，将物体框选由▢模式改为◯模式。按键盘上的【B】键，将前视图切换为后视图，由球体中央向外框选出圆形选区的面，如图3-32所示。

⑦单击鼠标右键，如图3-33所示，选择挤出命令前的▣图标，在弹出的浮动窗口中将高度值设为 20 mm，单击☑。

⑧单击鼠标右键，在出现的菜单中选择倒角前的▣图标，在弹出的浮动窗口中将高度值设为 4 mm，轮廓量值设为 5 mm，单击☑。

⑨单击鼠标右键，在出现的菜单中选择挤出命令前的▣图标，在弹出的浮动窗口中将高度值设为 2 mm，单击☑。结束编辑，移动到相应位置，如图3-33所示。

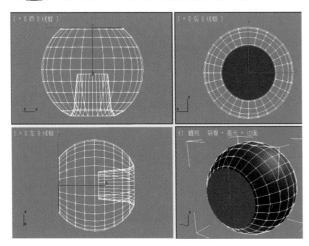

图3-32 框选出圆形选区的面

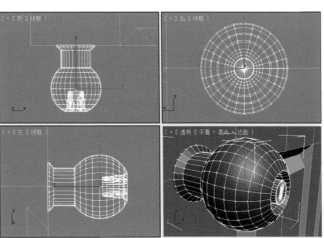

图3-33 设定高度值

⑩在🖋中的 ▾ 中选网格平滑，完成平滑处理，如图 3-34 所示。

⑪观察平滑处理后的效果，发现底部的细节精度不够。在🖋中单击 🔲，选择把手物体（呈红色显示），单击 Slice Plane（切片平面），将黄色矩形框移动到如图 3-35 所示的位置，单击 Slice（切片）进行切片。

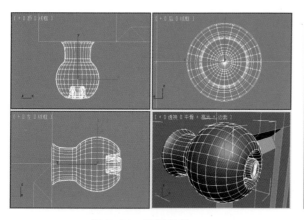

图 3-34　平滑处理

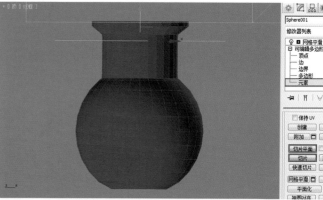

图 3-35　切片

⑫成组全部物体，命名为"实木门 01"，将其保存，如图 3-36 所示。

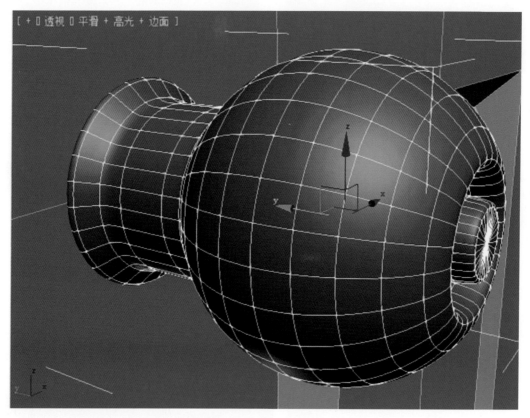

图 3-36　成组全部物体

【小贴士】

（1）Slice Plane（切片平面）按钮用于在三维物体上划分出新的边面。

（2）本节中只对实木门的一个面进行了制作，另一个面并没有编辑。在场景制作中一般只对渲染出图的物体进行制作，背面细节制作省略。

3.5　实例制作——沙发（多种编辑综合应用）

（1）单击菜单中的 ，新建场景文件。

（2）单击 命令面板中的几何体下拉菜单中的扩展基本体。

（3）在左视图中创建切角长方体，并通过 命令面板修改参数，长度值设为 192 mm，宽度值设为 725 mm，高度值设为 377 mm，Fillet（圆角）值设为 30 mm，如图 3-37 所示。

（4）在 命令面板中，添加 FFD 2×2×2。单击控制点层级，使用移动、缩放等工具进行沙发扶手的相应修改，效果如图 3-38 所示。

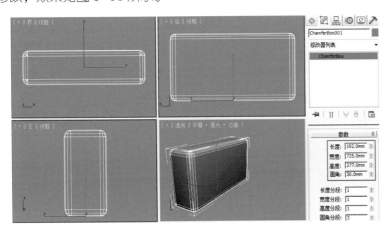

图 3-37　创建切角长方体

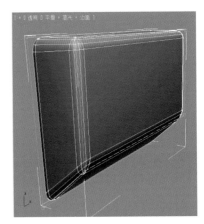

图 3-38　效果图

（5）创建切角长方体，在顶视图中创建沙发底座，如图 3-39 所示。

（6）在 命令面板中，添加 FFD 2×2×2。单击控制点层级，完成相应修改，如图 3-40 所示。

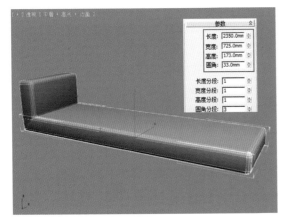

图 3-39　创建沙发底座

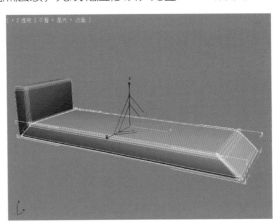

图 3-40　相应修改

（7）选择已创建的沙发扶手，按 镜像复制另一侧扶手，如图 3-41 所示。

（8）按照以上方法创建出沙发靠背，如图 3-42 所示。

图 3-41　复制另一侧扶手

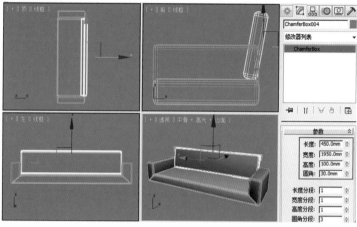

图 3-42　创建沙发靠背

（9）单击 命令面板的几何体下拉菜单的扩展基本体。单击切角长方体，在顶视图中创建出沙发坐垫，具体参数如图 3-43 所示。

（10）在 命令面板中，添加 FFD 4×4×4。单击控制点层级，使用移动、缩放等工具进行相应修改，如图 3-44 所示。

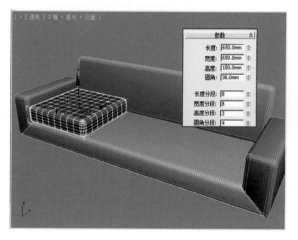

图 3-43　创建沙发坐垫

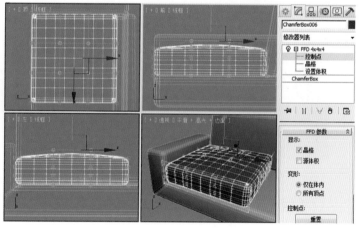

图 3-44　修改

【小贴士】

只选坐垫最上部的四个点移动，框选时可配合【Alt】键去除多选的点。

（11）按【Shift】键复制出 2 个坐垫。如图 3-45 所示。

（12）如图 3-46 所示，制作方形靠垫并再复制出 2 个。

（13）创建小靠垫。

①通过 命令面板，在左视图中创建出长方体，参数设定如图 3-47 所示。

②在 命令面板的 中选择网格平滑，将细分量项目的迭代次数值设为 2，单击 Local Control（局部控制）项目中的 Edge（边），依次选出靠垫的 4 个边。如图 3-48 所示设定参数。

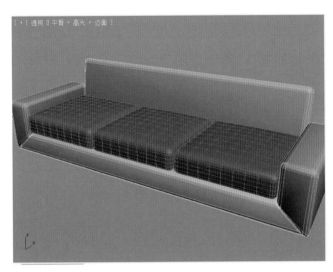

图 3-45　复制坐垫

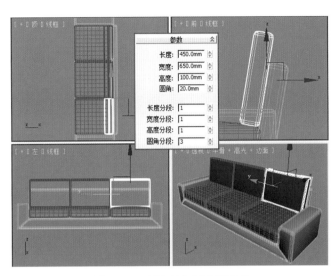

图 3-46　制作并复制方形靠垫

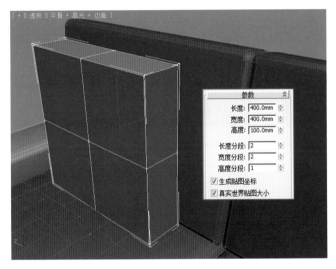

图 3-47　创建长方体

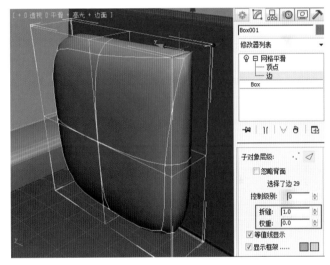

图 3-48　设定参数

③单击局部控制项目中的顶点，如图 3-49 所示，选择并略微向内移动靠垫上的顶点。

④如图 3-50 所示，复制出 3 个靠垫，调整到相应的位置。

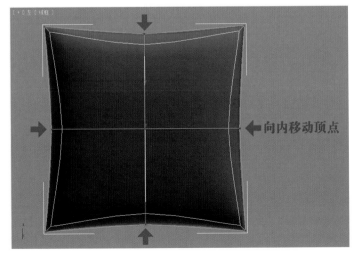

图 3-49　选择并移动顶点

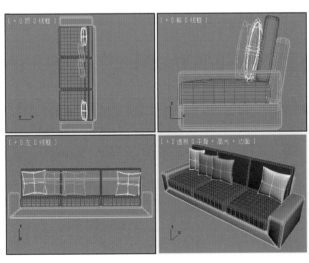

图 3-50　复制靠垫

（14）制作沙发腿。

①如图 3-51 所示，在沙发底部绘制出线条。

②在 🖋 命令面板中的 🔼 中，单击轮廓线，将值设为 10 mm。

③在 🖋 命令面板的 ▼ 中选挤出，将数量值设为 50 mm。将制作好的沙发腿复制并移动到位，如图 3-52 所示。

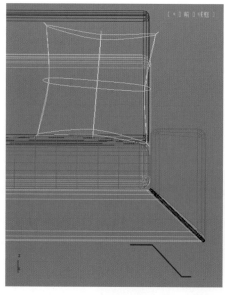
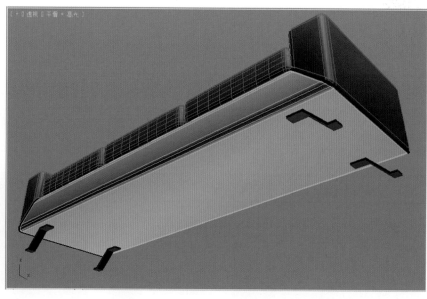

图 3-51　绘制线条　　　　　　　　　　　　图 3-52　复制沙发腿并移动到位

（15）选择并成组全部物体，命名为"沙发 01"，将其保存。

【思考与能力拓展——制作单人沙发和双人沙发练习】

根据三人沙发的做法和参考尺度制作出同款式的单人沙发和双人沙发。

3ds Max yu V-Ray Shineiwai Xiaoguotu Shili Jiaocheng

第 4 单元
基本灯光与摄影机

　　3ds Max中的灯光和摄影机模拟的是真实世界中等同于它们的场景对象，即模拟自然界中真实的环境效果。

　　灯光为场景中的几何体提供照明，3ds Max 有多种灯光类型：标准灯光简单易用；光度学灯光更复杂，但可以提供真实世界照明的精确物理模型。

　　摄影机用于设置场景的帧，提供可控制的观察点。摄影机可从特定的观察点表现场景，模拟真实世界中的静止图像、运动图片或视频摄影机。摄影机还可以模拟真实世界的图片的某些方面，如景深和运动模糊。

4.1　灯 光 介 绍

图 4-1　灯光界面

　　灯光是模拟实际灯光（例如家庭或办公室的灯、舞台和电影工作中的照明设备以及太阳本身）的对象。不同种类的灯光对象用不同的方法投影灯光，模拟真实世界中不同种类的光源。除常规的照明效果之外，灯光还可以用来投影图像。当场景中没有人为设定的灯光时，系统会使用默认的照明着色或渲染场景。

　　灯光类型有 Photometric（光度学）、Standard（标准）、VRay（安装 VRay 插件提供的灯光）。Standard 灯光类型是 3ds Max 最基本的灯光类型，其中，泛光灯、目标聚光灯、目标平行光较为常用。灯光界面如图 4-1 所示。

4.2　标 准 灯 光

4.2.1　泛光灯及常用灯光参数

　　选项中的标准中的泛光灯从单个光源向各个方向投影光线。泛光灯用于将辅助照明添加到场景中，或者模拟点光源，如图 4-2 所示。

4.2.2　目标聚光灯及常用灯光参数

　　聚光灯像闪光灯一样投影聚焦的光束，这是在剧院中或栀灯下的聚光区。目标聚光灯使用目标对象指向摄影机，如图 4-3 所示。

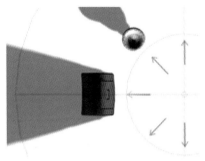

泛光灯的透视视图　　　　　　　泛光灯的顶视图

图 4-2　泛光灯

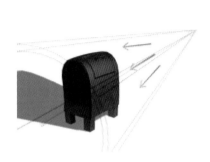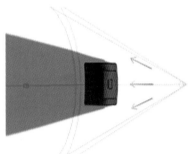

目标聚光灯的透视视图　　　　　目标聚光灯的顶视图

图 4-3　目标聚光灯

4.2.3　目标平行光及常用灯光参数

当太阳在地球表面上投影（适用于所有实践）时，所有平行光以一个方向投影平行光线，如图 4-4 所示。平行光主要用于模拟太阳光、探照灯、激光。

与目标平行光不同，自由平行光没有目标对象。

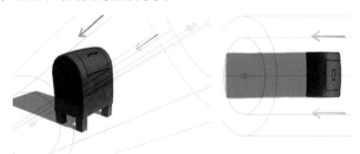

目标平行光的透视视图　　　　　目标平行光的顶视图

图 4-4　目标平行光

4.2.4　实例制作——实践标准灯光的照明效果

（1）使用相关工具和命令建立如图 4-5 所示的简单场景。

（2）选择 选项中的标准中的 Omni（泛光灯），在场景中单击创建一盏泛光灯并改变灯光高度和位置，按【F9】键渲染，观察场景变化。

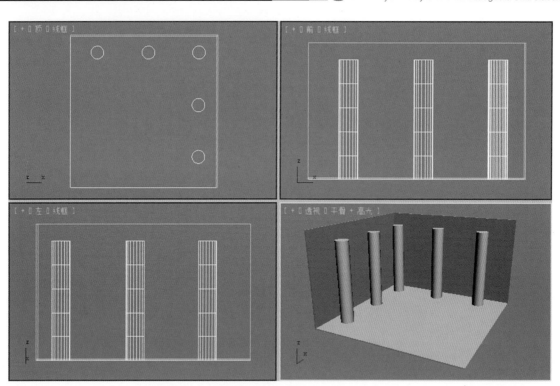

图 4-5　建立简单场景

（3）在 中将 Intensity/Color/Attenuation（强度/颜色/衰减）中的 Multiplier（倍增）数值设为 0.1，如图4-6所示，再次渲染，观察。

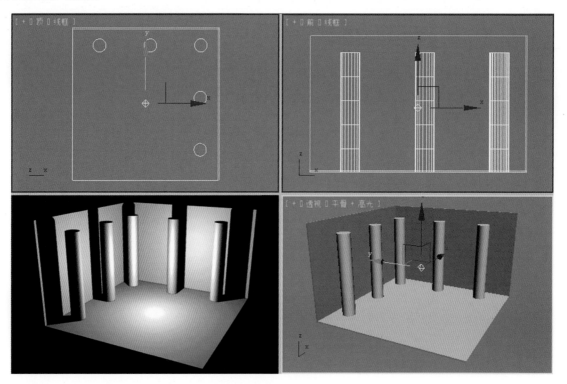

图 4-6　再次渲染

（4）选择 选项中的标准中的 Target Spot（目标聚光灯），在场景中单击创建一盏目标聚光灯，尝试分别通过改变灯光体位置与灯光目标（黄色点）来控制空间位置，渲染，观察场景，如图 4-7 所示。

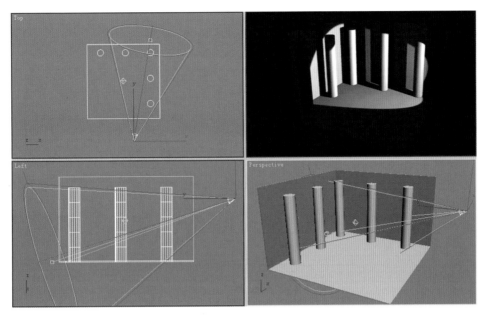

图 4-7　渲染效果图

【小贴士】

　　灯光体与灯光目标的选择切换可通过右键菜单中的 Select Light（选择灯光）与 Select Light Target（选择灯光目标）来实现。

　　（5）在 选项中将强度／颜色／衰减下倍增右侧的色块由"白色"改为"蓝色"；将 Far Attenuation（远距衰减）Use 前的 勾选，调节 Start（开始）与 End（结束）值，直到接近图 4-8 所示的状态，渲染，观察。

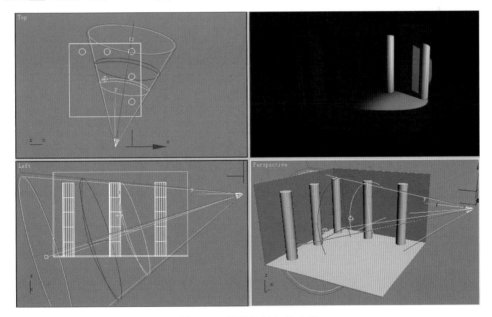

图 4-8　调节开始与结束值

【小贴士】

　　远距衰减的作用是使灯光亮度从光源到目标点实现由强渐弱的变化，从光源到黄色圆区域灯光完全照明，从黄色圆区域到棕色圆区域灯光亮度发生衰减，从棕色圆区域到蓝色圆区域灯光照明消失。

（6）选择场景中的泛光灯，并将其修改面板中的General Parameters（常规参数）的Light Type（灯光类型）下的☑取消，关闭其照明。渲染，观察场景中的目标聚光灯，发现聚光区域边缘明显。

（7）在面板中调整 Spotlight Parameters（聚光灯参数）项中的 Hotspot/Beam（聚光区 / 光束）和 Falloff/Field（衰减区 / 区域）的值，直到接近图4-9所示的状态，渲染，观察聚光区域边缘变化。

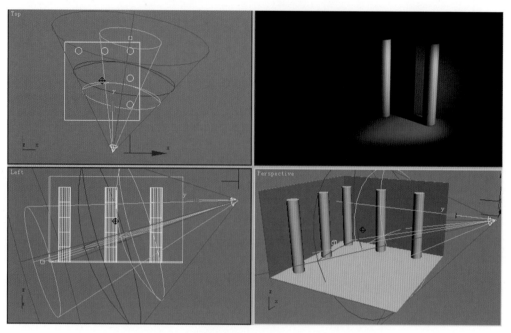

图4-9　调整聚光区 / 光束和衰减区 / 区域的值

（8）单击面板中的Shadows（阴影）中的 排除... 按钮，在弹出的面板中将左侧的所有圆柱体予以选择，单击 ›› 按钮，将选择的物体排除照明影响，渲染，观察变化，渲染效果图如图4-10所示。

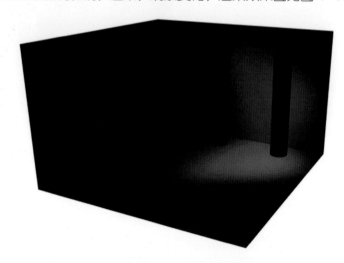

图4-10　渲染效果图

（9）用上一步的操作方法，在弹出的面板中选择右侧的圆柱体，单击 ‹‹ 按钮取消排除。然后在场景中建立目标平行光，照亮另一排圆柱体。参照前面的步骤，自行调节相应参数并渲染，观察。

【小贴士】

可在弹出的面板中选择排除照明、投射阴影或两者兼有。

4.3　光度学灯光

4.3.1　光度学灯光介绍

　　光度学灯光使用光度学光能值，可以更精确地定义灯光，就像在真实世界里一样，可以设置光照分布、强度、色温和其他真实世界灯光的特性。也可以导入照明制造商的特定光度学文件以便设计基于商用灯光的照明。

　　3ds Max 有三种类型的光度学灯光对象：目标灯光、自由灯光、mr Sky 门户，如图 4-11 所示。

图 4-11　光度学灯光面板

【小贴士】

　　光度学灯光使用平方反比持续衰减，并依赖于实际单位的场景。通俗来说，光度学灯光是按照现实世界的科学照明亮度来设定的。假设在场景中建立两个代表现实世界中规格为 50 mm×50 mm 的盒子，分别放入一个标准灯光和光度学灯光是完全不同的：放入标准灯光的盒子内亮度不会严重曝光；放入光度学灯光的盒子内亮度会严重曝光。

4.3.2　光度学灯光的类型与参数

（1）Target Light（目标灯光）如图 4-12 所示，目标灯光可以用于指向灯光的目标子对象。

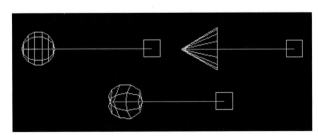

图 4-12　目标灯光

①创建目标灯光。单击目标灯光按钮，在视图中拖动，拖动的初始点是灯光的位置，释放鼠标的点就是目标位置。

②使用移动变换，调整灯光的位置和方向，在修改面板中调整参数。

③目标灯光的光域网文件。用目标灯光照明时可以引入外部的光域网文件，用来控制灯光分布的形状。图4-13 所示为光域网文件的引入方法，部分光域网照明效果如图 4-14 所示。

图 4-13　光域网文件的引入方法

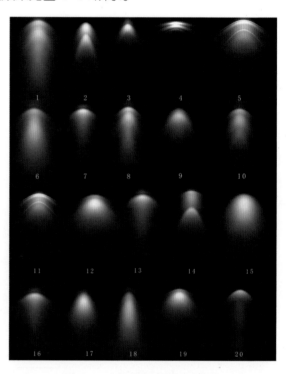

图 4-14　部分光域网照明效果

【小贴士】

（1）光度学灯光中的目标灯光、自由灯光与标准灯光的参数有的是相同或相近的，如灯光的排除、阴影的类型等，可参照标准灯光。

（2）光域网文件的引入可通过照明设备供应商提供的数据或网络提供的下载服务完成。

（2）Free Light（自由灯光）如图 4-15 所示。自由灯光不具备目标子对象，可以通过使用变换瞄准它。

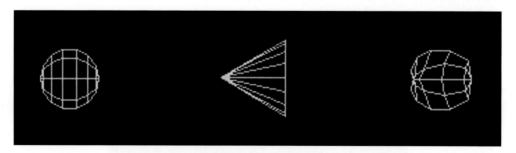

图 4-15　自由灯光

①创建自由灯光。单击自由灯光按钮，单击选择灯光的视图位置。

②使用变换工具或灯光视图定位灯光对象和调整其方向。也可以使用放置高光命令（【Shift】+【$】键）调整灯光的位置。如图 4-16 所示，在修改面板中调整需要的参数。

图 4-16　"强度 / 颜色 / 衰减" 项目

③在自由灯光中也可引入外部光域网文件。

（3）mr Sky 门户（天空照明）。

天空照明用于模拟建立日光的模型，如户外场景等。

4.4　摄　影　机

4.4.1　摄影机介绍

　　摄影机从特定的观察点表现场景。摄影机模拟现实世界中的静止图像、运动图片或视频摄影机。3ds Max 中的摄影机通常是一个场景中必不可少的组成部分，静态或动态图像的最后渲染表现都要在摄影机视图中完成。

　　3ds Max 中提供了两种摄影机，即目标摄影机和自由摄影机，如图 4-17 所示。目标摄影机主要用于观看所指向的方向内的场景内容，较适合用于建筑或空间漫游，对移动物体的跟拍效果好。自由摄影机比起目标摄影机，没有固定的拍摄目标点，可自由地移动和旋转观察场景。

Target（目标摄影机） Free（自由摄影机）

图 4-17　目标摄影机和自由摄影机

室内效果图的制作中多采用目标摄影机，因为它更容易定位，直接将目标点移动到需要的位置上即可。

4.4.2　目标摄影机的创建与参数调整

在创建摄影机时，目标摄影机沿着放置的目标图标"查看"区域。目标摄影机比自由摄影机更容易定向，因为只需将目标对象定位在所需位置的中心。可以设置目标摄影机及其目标的动画来创建有趣的效果。要沿着路径设置目标和摄影机的动画，最好将它们链接到虚拟对象上，然后设置虚拟对象的动画，如图 4-18 所示。

4.4.3　自由摄影机的创建与参数调整

自由摄影机在摄影机指向的方向"查看"区域。与目标摄影机不同，它有两个用于目标和摄影机的独立图标，自由摄影机由单个图标表示，为的是更轻松地设置动画。当摄影机位置沿着轨迹设置动画时可以使用自由摄影机，与穿行建筑物或将摄影机连接到行驶中的汽车上时一样。当自由摄影机沿着路径移动时，可以将其倾斜。如果将摄影机直接置于场景顶部，则使用自由摄影机可以避免旋转。自由摄影机可以不受限制地移动方向，如图 4-19 所示。

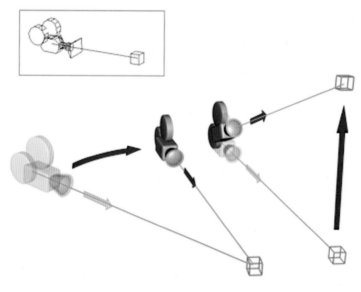

图 4-18　目标摄影机始终面向其目标

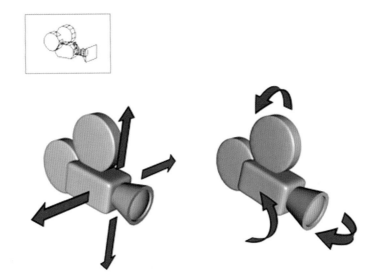

图 4-19　自由摄影机可以不受限制地移动和定向

1. 焦距与视野

镜头和灯光敏感性曲面间的距离，不管是在电影还是视频电子系统中都被称为镜头的焦距。焦距影响对象出现在图片上的清晰度。焦距越小，图片中包含的场景就越多。加大焦距将包含更少的场景，但会显示远距离对象更多的细节。焦距与视野如图 4-20 所示。

焦距始终以 mm 为单位。50 mm 镜头通常是摄影的标准镜头。焦距小于 50 mm 的镜头称为短焦镜头或广角镜头。焦距大于 50 mm 的镜头称为长焦镜头。镜头与视野参数控制如图 4-21 所示。

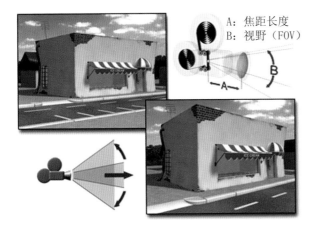

左上角：长焦距长度，窄 FOV　右下角：短焦距长度，宽 FOV

图 4-20　焦距与视野

图 4-21　镜头与视野参数控制

【小贴士】

Lens（镜头）参数值过小会导致场景和物体发生透视变形，注意合理控制该参数。

2. 使用剪切平面排除几何体

使用剪切平面可以排除场景中的一些几何体，并只查看或渲染场景的某些部分。每个摄影机对象都具有近端和远端剪切平面。对于摄影机，比近距剪切平面近或比远距剪切平面远的对象是不可视的。如果场景中有许

多复杂几何体,那么剪切平面对渲染其中选定部分的场景非常有用。它们还可以帮助创建剖面视图。剪切平面控制选项如图 4-22 所示,剪切平面控制效果如图 4-23 所示。

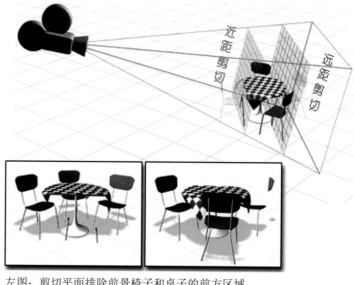

左图:剪切平面排除前景椅子和桌子的前方区域
右图:剪切平面排除背景椅子和桌子的前方区域

图 4-22 剪切平面控制选项   图 4-23 剪切平面控制效果

4.5 实例制作——空间中的灯光与摄影机训练

自行尝试将第 2 单元和第 3 单元中制作的三维模型组织为一个场景,练习灯光与摄影机的设置与操作。

【思考与能力拓展——灯光与摄影机的参数设置】

观察自己所处空间内的照明设备,建立简单的模拟空间模型,设置灯光与摄影机并调整相关参数。

3ds Max yu V-Ray Shineiwai Xiaoguotu Shili Jiaocheng

第 5 单元

基本材质编辑器、材质和贴图

　　3ds Max 的基本材质贴图可以模拟纹理、应用设计、反射、折射和其他效果（贴图也可以用作环境和投射灯光）。材质编辑器提供创建和编辑材质以及贴图的功能。

5.1　认识材质编辑器

　　（1）打开配套文件"基本材质编辑"。如图 5-1 所示，场景中的模型均为第 2 单元、第 3 单元中已制作的模型实例，下面通过这些实例所组成的场景来学习基本材质编辑器、材质和贴图。

图 5-1　基本材质实例场景

　　（2）单击 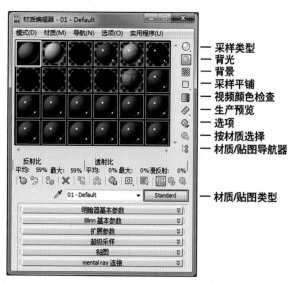（或按【M】键），打开材质编辑器面板，如图 5-2 所示。

　　（3）材质编辑器下方为可折叠的卷展栏，图 5-3 所示为常用的 Map（贴图）卷展栏。

图 5-2　材质编辑器面板　　　　　　　图 5-3　常用的 Map（贴图）卷展栏

5.2　基本材质设置

1. 材质类型的切换

3ds Max 的 Standard（标准材质）一般是与 Default Scanline Renderer（默认线扫描渲染器）配合使用的，其优点是渲染速度快，操作、设置简单，缺点是不具有如 V-Ray 渲染器那样的仿真效果。标准材质库的调出可以通过在材质编辑器界面单击切换按钮来实现，也可以根据需要选择其他的材质，如图 5-4 所示。

2. 材质球设定与保存

（1）材质编辑器界面上部是作为材质显示载体的材质球。系统默认显示 24 个材质球，可通过【X】键切换显示模式，也可以在材质球上单击鼠标右键，在菜单中选择 Magnify（放大）来放大显示材质球，以更好地观察材质细节。

（2）当将材质应用于对象时，它是场景的一部分，并且可以与场景一同保存，还可以通过将材质放入材质库来保存材质。材质库的文件扩展名为 .mat。可以将场景中需要保存的材质添加到此库，以便以后调用。

（3）在材质编辑器的 Material（材质）菜单中选择 Get Material（获取材质）选项，如图 5-5 所示，保存或打开场景中的材质。

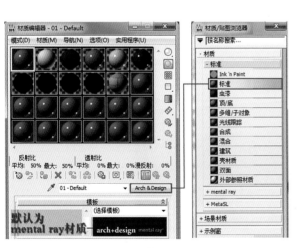

图 5-4　材质类型的切换

图 5-5　保存或打开场景中的材质

5.3 实例制作——地砖贴图效果

通过地砖贴图材质的编辑，我们可以掌握地面材质的制作方法。

（1）按【M】键调出材质编辑器窗口，选择一个材质球，命名为"地砖"。单击 Diffuse（漫反射）中的贴图通道按钮▢，添加▦程序贴图。如图 5-6 所示，调节高光级别和光泽度。

（2）选择地面模型，单击▦将材质赋予地面；单击▦，在场景中显示材质。观察场景中的模型。

（3）在▰面板中添加 UVW 贴图，设置长、宽各为 800 mm。

（4）如图 5-7 所示，在材质编辑器中添加反射贴图并在反射贴图层级中设置反射衰减参数后，单击▦返回上一层级。

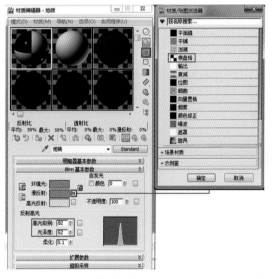

图 5-6 调节高光级别和光泽度

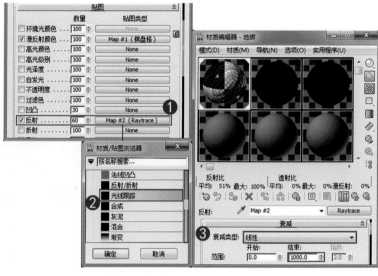

图 5-7 添加反射贴图

（5）如图 5-8 所示，设置反射衰减参数。

图 5-8 设置反射衰减参数

【小贴士】

衰减项用于控制反射材质的范围及强度。

5.4　实例制作——皮纹与织物贴图效果

通过沙发材质的编辑，我们可以掌握皮纹凹凸贴图、织物贴图、金属材质的制作方法。

1. 皮纹凹凸贴图

（1）如图 5-9 所示，调整参数并添加 Diffuse（漫反射贴图）和 Bump（凹凸贴图）。

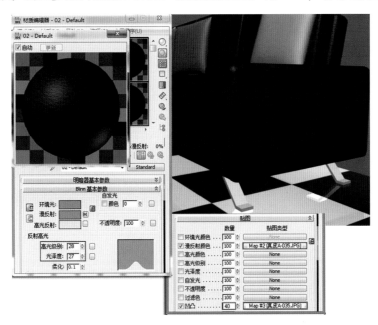

图 5-9　调整参数并添加贴图

（2）选择沙发模型，将其群组打开。依次选择每个子物体并添加 UVW 贴图，设置长、宽、高各为 400 mm，贴图方式为长方体，将材质赋予选择的物体。

【小贴士】

3ds Max 软件安装目录下提供了一些常用的贴图材质，位置在安装盘符下的 Autodesk\3ds Max Design 2012\maps 文件夹内。

2. 织物贴图

（1）按【M】键调出材质编辑器窗口，选择一个材质球，命名为"靠垫 1"。

（2）如图 5-10 所示，调整参数并添加织物贴图，赋予白色的靠垫物体。

（3）再选一材质球，命名为"靠垫2"。调整参数，赋予红色的靠垫物体。

（4）依次选择每个子物体并添加 UVW 贴图，设置长、宽、高各为 400 mm，贴图方式为长方体，将材质赋予所选择的靠垫物体，效果图如图5-11所示。

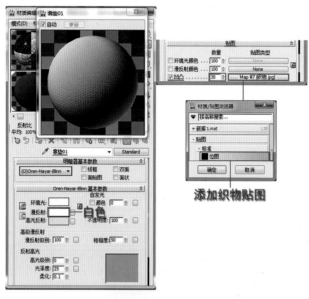

添加织物贴图

图 5-10　调整参数并添加织物贴图

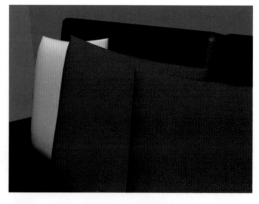

图 5-11　效果图

5.5　实例制作——金属材质效果

（1）如图5-12所示，调整相关参数。

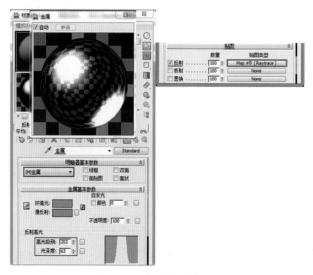

图 5-12　调整相关参数

（2）将金属材质赋予沙发脚和茶几、沙发装饰线条、靠背椅、门把手等。

（3）完成金属材质赋予操作后将打开的沙发群组关闭，如图 5-13 所示。

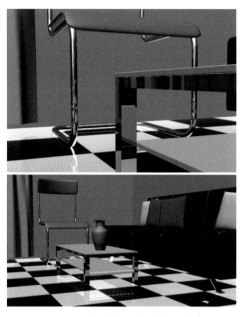

图 5-13　完成金属材质赋予操作

5.6　实例制作——玻璃材质效果

如图 5-14 所示，调整相关参数，玻璃材质效果如图 5-15 所示。

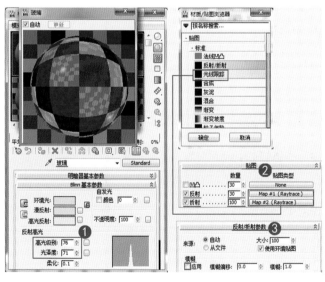

图 5-14　调整相关参数

图 5-15　玻璃材质效果

5.7 实例制作——瓷器材质贴图效果

（1）如图 5-16（a）所示，调整相关参数。

（2）添加 UVW 贴图，设置长、宽为 3 000 mm，高为 3 000 mm，贴图方式为 Cylindrical，沿 Z 轴向上移动，适当调节 Gizmo，将材质赋予瓷器物体。效果如图 5-16（b）所示。

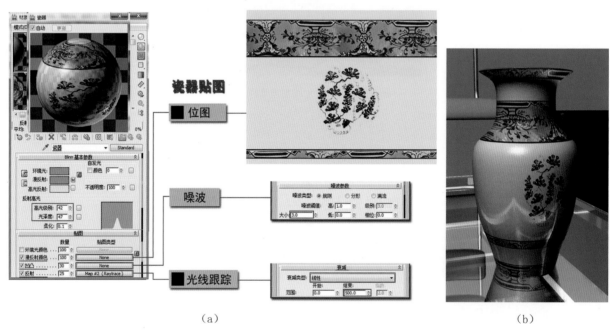

（a）   （b）

图 5-16 调整相关参数及效果图

5.8 实例制作——窗帘材质贴图效果

如图 5-17 所示，调整相关参数，效果图如图 5-18 所示。

【小贴士】

衰减程序贴图用于控制漫反射贴图的颜色衰减，即由深色过渡到浅色。

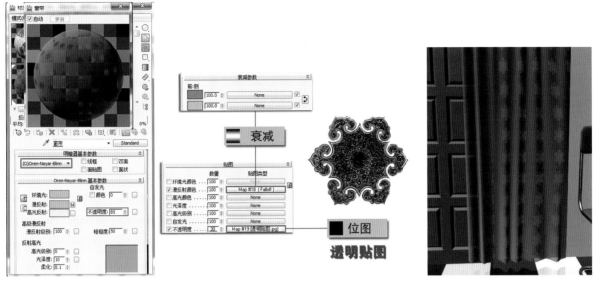

图 5-17　调整相关参数

图 5-18　效果图

5.9　实例制作——实木门材质贴图效果

（1）如图 5-19 所示，调整相关参数。

（2）添加 UVW 贴图，将材质赋予实木门模型，效果图如图 5-20 所示。

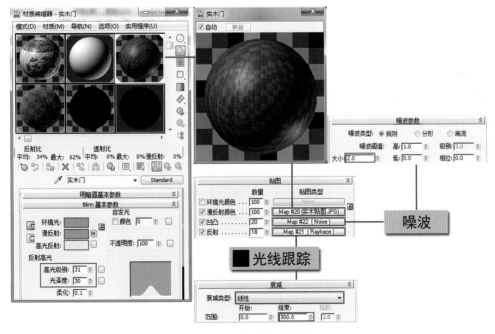

图 5-19　调整相关参数

图 5-20　效果图

5.10　实例制作——液晶电视材质贴图效果

（1）按【M】键调出材质编辑器窗口，单击材质切换按钮，选择多维/子对象类型，选择一个材质球，命名为"液晶电视"并保存。

（2）如图 5-21 所示，调整相关参数。

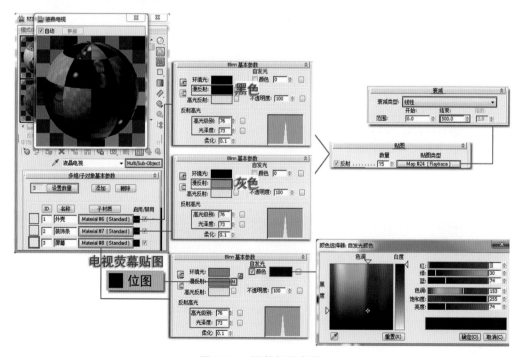

图 5-21　调整相关参数

（3）选择液晶电视模型，进入 面板，在■中将相应的多边形面选出，进行材质 ID 编号，如图 5-22 至图 5-24 所示。

（4）将材质赋予液晶电视模型，效果图如图 5-25 所示。

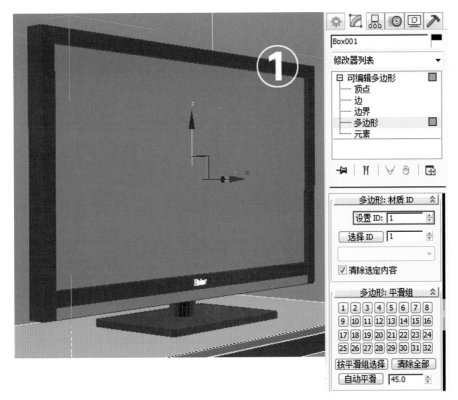

图 5-22　材质 ID 编号①

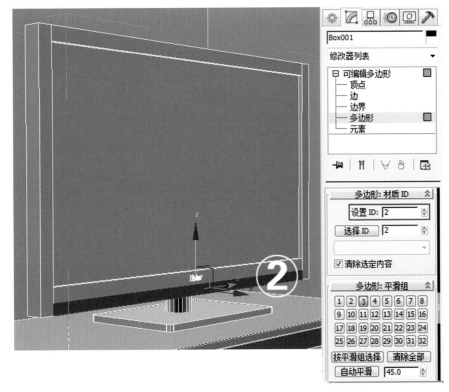

图 5-23　材质 ID 编号②

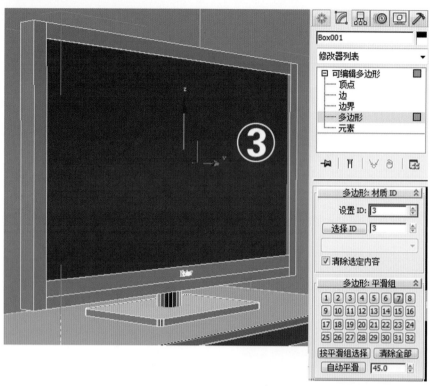

图 5-24　材质 ID 编号③

图 5-25　效果图

【思考与能力拓展——灯光物体照明】

　　本节运用 3ds Max 的基本材质对材质的编辑及赋予模型的过程进行了学习，场景中材质的表现还缺乏人工照明的设置，可结合本教材第 4 单元基本灯光与摄影机部分的内容自行创建灯光物体进行照明练习。

3ds Max yu V-Ray Shineiwai Xiaoguotu Shili Jiaocheng

第 6 单元
掌握 V-Ray 高级渲染器

6.1　认识 V-Ray 渲染器

6.1.1　V-Ray 渲染器的介绍

　　V-Ray 渲染器是 Chaosgroup 公司开发的一款全局光渲染器，主要外挂于 3ds Max 平台。同时，该公司也开发了针对 Maya、Rhino 等其他三维软件的接口。

　　V-Ray 渲染器是模拟真实光照的一个全局光渲染器，具有渲染效果真实、渲染计算快速及渲染效率高等特点。V-Ray 渲染器可根据具体的需要来设置渲染参数，从而自由地控制渲染的质量与速度。低参数能得到快的渲染速度，高参数能得到优良的渲染质量。

6.1.2　V-Ray 渲染器的安装与指定

1.　V-Ray 渲染器的安装

　　V-Ray 渲染器的安装跟其他软件一样，双击安装程序后将弹出安装提示框，根据提示点击 Next（下一步）按钮安装即可。V-Ray 渲染器的安装需要注意其安装位置。具体请查阅网络安装步骤。

2.　V-Ray 渲染器的指定

　　在安装完 V-Ray 渲染器之后，下一步为指定 V-Ray 渲染器。按【F10】键或单击渲染场景按钮，打开 Render Setup（渲染场景）对话框，进入 Common（公用）选项卡。打开最下方的 Assige Renderer（指定渲染器）卷展栏，单击 Production（产品级）后的按钮，在弹出的选择渲染器对话框中选择 V-Ray Adv 2.00.03，如图 6-1 所示。

图 6-1　V-Ray 渲染器的指定

【小贴士】

　　V-Ray 渲染器插件版本不断升级和更新，因此，不同版本的界面及部分设置会有所不同，但主要的设置并无太大变化，不影响学习和实际使用。

6.2　V-Ray 渲染器实用参数详解

　　V-Ray 渲染器的参数模块如图 6-2 所示。具体参数的含义与用法将在接下来的内容中做详尽的介绍。

6.2.1　Global switches（全局开关）

　　全局开关用于对渲染器不同特征的全局参数进行控制，如图 6-3 所示。

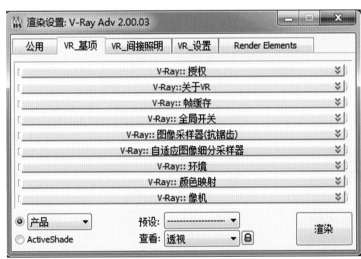

图 6-2　V-Ray 渲染器的参数模块　　　　　图 6-3　Global switches（全局开关）卷展栏

1. Geometry（几何体）

Displacement（置换）：使用 V-Ray 渲染器自己的置换贴图。

Force back face（影响背面）：在物体的背面产生效果。

2. Lighting（灯光）

Lights（灯光）：渲染时，使用全局灯光。如果不勾选此项，V-Ray 渲染器将使用默认灯光渲染场景。

Default lights（默认灯光）：去掉勾选就不再使用 3ds Max 默认的灯光，一般渲染时总是去掉勾选。

【小贴士】

　　当用户不希望渲染场景中有直接灯光的时候，只需要同时不勾选灯光和默认灯光两个选项即可。

Hidden lights（隐藏灯光）：需要隐藏灯光时使用，一般不用去理会此选项。

Show GI only（只显示全局光照明）：勾选后，直接光照不会被最终渲染。

3．Indirect illumination（间接照明）

Don't render final image（不渲染最终图像）：很少用。对于摄影机游历动画过程中的贴图计算是很有用的。

4．Materials（材质）

Reflection/Refraction（反射/折射）：在 V-Ray 材质中计算材质反射/折射的效果。

Max depth（最大深度）：用于设置 V-Ray 材质中反射/折射的最大反弹次数。在勾选的情况下，反弹次数越大，速度就越慢。

Maps（贴图）：使用纹理贴图。

Override mtl（替代材质）：勾选此选项后，可以通过后面的 None 按钮指定一种简单的材质替代场景中所有物体的材质进行渲染，以达到快速渲染的目的。一般在布光的时候，为减少时间而使用此项。

Glossy effect（光泽效果）：允许使用一种非光滑的效果来代替场景中所有光滑的反射效果，以加快渲染速度，一般用于灯光的测试阶段。

5．Ray tracing（光线追踪）

Secondary rays bias（二次光线偏置）：用于定义针对所有次级光线的一个较小的正向偏移距离。正确设置此参数值，可以避免在渲染图像中在场景的重叠表面上出现黑斑。

6.2.2　Image sampler（Anialiasing）【图像采样器（抗锯齿）】

图像采样器（抗锯齿）是采样和过滤的一种算法，最终产生的像素组来完成图像的渲染，我们详细分析图 6-4 所示的 Image sampler（Anialiasing）卷展栏。

图 6-4　Image sampler（Anialiasing）卷展栏

1. Image sampler（图像采样器）

我们分别来看 V-Ray 渲染器设定的 Image sampler（图像采样器）中三种不同的类型。

（1）Fixed（固定图像采样器）：这是 V-Ray 渲染器中最简单的采样器。该采样器渲染速度快，得到的锯齿比较大，效果不好，适合测试的时候使用。

当选择 Fixed 类型时，V-Ray 渲染器面板中就会产生 Fixed Image sampler 选项，如图 6-5 所示。

打开其卷展栏。Subdivs（细分）：确定每一个像素使用的样本数量。当取值为 1 时，在每一个像素的中心使用一个样本。当取值大于 1 时，将按照低差异的蒙特卡洛序列产生样本。一般来说，Fixed 类型适合测试阶段使用，Subdivs（细分）值往往是默认的。

图 6-5　Fixed Image sampler 选项

（2）Adaptive QMC（自适应 QMC 采样器）：根据每个像素和它相邻的像素的亮度差异产生不同数量的样本，产生非常细腻的效果。当选择 Adaptive QMC 类型时，V-Ray 渲染器面板中就会产生 Adaptive QMC（自适应 QMC 采样器）选项，如图 6-6 所示，打开其卷展栏。

Min Subdivs（最小细分）：定义每个像素使用样本的最小数值。

Max Subdivs（最大细分）：定义每个像素使用样本的最大数值。

图 6-6　Adaptive QMC（自适应 QMC 采样器）选项

（3）Adaptive Subdivison（自适应细分采样器）：使用较少的样本，减少了渲染时间，就达到了其他采样器使用较多样本才达到的品质。一般来说，如果场景中细节不是很多，选用 Adaptive Subdivison（自适应细分采样器），如果有大量细节，则选用 Adaptive QMC（自适应 QMC 采样器）更佳。

2. Antialiasing filter（抗锯齿过滤器）

On（开启）：勾选此项，启用抗锯齿过滤器。

6.2.3　Indirect illumination（GI）（间接照明 / 全局光照）

V-Ray 渲染器的 Indirect illumination（GI）将渲染精度和速度巧妙地结合在一起，考虑到了场景中所有方面的光照系统，通常它所得到的结果非常接近对真实事物的再现。传统的线扫描只考虑直接光照，不计算物体

之间相互的反射光，然而反射光和环境光是场景中很重要的灯光组成。后期出现的很多光照系统，虽然考虑到了间接照明，但是速度特别慢。

打开 Indirect illumination（GI）（间接照明 / 全局光照）卷展栏，如图 6-7 所示。

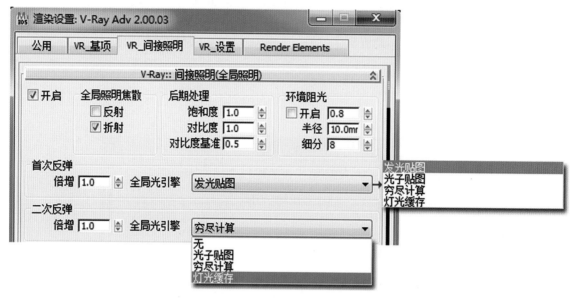

图 6-7　Indirect illumination（GI）（间接照明 / 全局光照）卷展栏

On（开启）：勾选此项，启用计算场景中的间接光照。间接光照主要指的就是光的反射，其中包括了漫反射等多种反射。当光照到一个物体上的时候，其表面吸收部分光，其他的光反射到场景中并对场景中的照明有所贡献。

1. GI caustic（全局照明焦散）

全局照明焦散描述的是 GI 产生的焦散光学现象，它可以由天空光、自发光物体等产生。

Refractive GI caustic（GI 折射焦散）：间接光穿过透明物体（如玻璃）时会产生折射焦散。

Reflective GI caustic（GI 反射焦散）：间接光照射到镜面表面会产生反射焦散。

2. Primary bounces（首次反弹）

Multiplier（倍增值）：确定为最终渲染图像贡献多少首次反弹。一般情况，默认的取值 1 可以得到很好的效果。

GI engin（初级 GI 引擎）：为首次反弹选择一个 GI 渲染引擎。在经过反复测试之后，往往选择 Irradiance map（发光贴图）来作为 Primary bounces（首次反弹）的渲染引擎。

3. Secondary bounces（二次反弹）

Multiplier（倍增值）：此参数确定为最终渲染图像贡献多少二次反弹。一般情况，默认的取值 1 可以得到很好的效果，其他小于 1 的取值也可以，取值为 0 会使场景变暗。

GI engin（次级 GI 引擎）：为二次反弹选择一个 GI 渲染引擎。在经过反复测试之后，往往选择 Light cache（灯光缓存）来作为 Secondary bounces（二次反弹）的渲染引擎。

【小贴士】

几种渲染引擎的优缺点如下。

（1）Irradiance map（发光贴图）：计算思路是计算场景中某些特定点的间接光照照明，然后对剩余的点进行插值计算。优点：速度快；产生的噪点少；能被保存和调用。缺点：在渲染中，由于采用差值计算，间接照明的一些细节可能会被丢失或模糊；需要占用额外的内存。

（2）Photon map（光子贴图）：建立在追踪从光源发射出来的，并能够在场景中来回反弹的光线微粒（称为光子）的基础上。对于存在大量灯光或较少窗户的室内或半封闭场景来说，使用这种方法是较好的选择。优点：可以产生场景中灯光的近似值；可以被保存或调用；光子贴图是独立于视口的。缺点：没有直观的效果；需要占用额外的内存；需要真实的灯光参与计算，无法对环境光产生间接照明计算。

（3）Light cache（灯光缓存）：近似于场景中全局光照明技术，与光子贴图类似，但是没有其他的局限性。灯光缓存是一种全局光解决方案，广泛用于室内和室外的渲染计算。优点：容易设置，只需要追踪摄影机可见的光线；灯光类型没有局限性，几乎支持所有的灯光；对细小物体的周边和角落，可以产生正确的效果；在大多数情况下，可以直接快速平滑地显示场景中灯光的预览效果。缺点：和发光贴图一样，灯光贴图也是独立于视口，并在摄影机的特定位置产生的；目前灯光贴图仅仅支持 V-Ray 材质；Light cache（灯光缓存）不能很好地支持凹凸贴图类型。

6.2.4　Irradiance map（发光贴图）卷展栏

当 Primary bounces（首次反弹）选择的渲染引擎为 Irradiance map（发光贴图）时，下方会出现 Irradiance map（发光贴图）卷展栏，如图 6-8 所示。下面就 Irradiance map（发光贴图）的主要参数进行讲述。

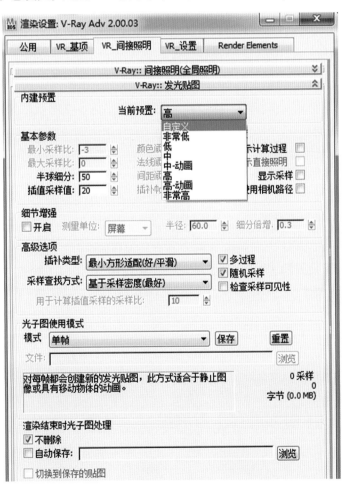

图 6-8　Irradiance map（发光贴图）卷展栏

1. Build-in presets（内建预置）

系统提供了 8 种预设的模式供用户选择。

Custom（自定义）：根据自己的需要设定不同的参数。

Very low（非常低）：仅在预览时使用，只表现场景中的普通照明。

low（低）：用于预览时的预设模式。

Medium（中）：如果场景中不需要太多的细节，效果还可以。

Medium-animation（中 - 动画）：减少动画中的闪烁。

High（高）：在细节比较多时，采用的预设模式。

High-animation（高 - 动画）：用于解决在 High（高）预设模式下的渲染动画闪烁问题。

Very High（非常高）：一般用于有大量极细小的细节或极复杂的场景。

2. Basic parameters（基本参数）

Min rate（最小采样比率）：确定原始 GI 通道的分辨率。0 意味着使用与最终渲染图像相同的分辨率。

Max rate（最大采样比率）：最终分辨率。

Clr thresh（颜色阈值）：确定发光贴图算法对间接照明变化的敏感程度。较大的值意味着对光的敏感性强，也可得到高品质的渲染图。

Nrm thresh（法线阈值）：确定发光贴图算法对表面法线变化及细小表面细节的敏感程度。

Dist thresh（间距阈值）：确定发光贴图算法对两个表面距离变化的敏感程度。其值为 0 时意味着发光贴图完全不考虑两个物体之间的距离，较高的值意味着将在两个物体之间接近的区域放置更多的样本。

HSph subdivs（半球细分）：决定个体 GI 的物体品质。较小的取值可以获得较快的速度，但是也可能会产生黑斑，较高的取值可以得到平滑的图像。值越高，画面质量越好，速度就越慢。

Interp samples（插值采样值）：定义被用于插值计算的 GI 样本数量。值越大，效果就越光滑。

3. Options（选项）

Show calc phase（显示计算单位）：勾选此项，V-Ray 渲染计算时将显示发光贴图的通道，但是会减慢渲染计算的速度。

Show direct light（显示直接照明）：只有在勾选 Show calc phase 时，该选项才能被激活。它将促使 V-Ray 在计算发光贴图时，显示首次反弹除了间接照明外的直接照明。

Show samples（显示样本）：勾选时，V-Ray 将在 VFB 窗口中，以小原点的形态直观地显示发光贴图中使用样本的情况。

4. Mode（模式）

这个选项组允许选择使用发光贴图的方法，允许保存高质量光子图，以备后期渲染时调用。

6.2.5 Light cache（灯光缓存）卷展栏

把 Light cache（灯光缓存）作为 Secondary bounces（二次反弹）的渲染引擎后，会在下面出现 Light cache（灯光缓存）卷展栏，如图 6-9 所示。下面就 Light cache（灯光缓存）的主要参数进行讲述。

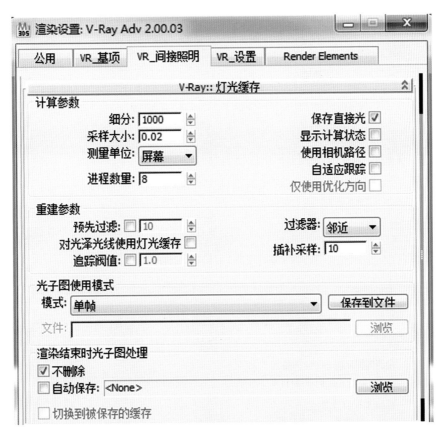

图 6-9　灯光缓存卷展栏

灯光缓存是近似计算场景中间接光照明的一种技术。它很容易设置，只需要追踪摄影机可见的光线就可以了。

1. Calculation parameters（计算参数）

Subdivs（细分）：确定有多少来自摄影机的路径被追踪。不过要注意，实际路径的数量是这个参数的平方值。

Sample size（采样大小）：确定灯光贴图中样本的间隔。值越小意味着样本之间相互的距离较近，灯光贴图将保护照明中锐利的细节，不过会产生更多的噪波，并且占用较大的内存。

Scale（比例）：有两种选择，主要用于确定样本尺寸和过滤器尺寸。

Store direct light（保存直接光）：勾选此选项后，灯光贴图中也将储存和插补直接光照信息。这个选项对有许多灯光、使用发光贴图或计算 GI 方法作为二次反弹的场景特别有用。

Show calc phase（显示计算状态）：勾选此项，V-Ray 渲染计算可以显示被追踪的路径。它对灯光贴图的计算结果没有影响，只是给用户一个比较直接的视觉反馈。

Number of passes（进程数量）：在几个通道中计算灯光缓存，然后组合成最后的灯光缓存。

Adaptive tracing（自适应跟踪）：勾选时，在追踪摄影机路径的过程中采用自适应的方式。默认情况下是不勾选的。

2. Reconstruction parameters（重建参数）

Pre-fliter（预先过滤）：在渲染前，提前过滤灯光贴图中的样本。

Fliter（过滤器）：确定灯光贴图在渲染过程中使用的过滤器类型，过滤器是确定在灯光贴图中以内插值替换的样本是如何发光的。

Use light cache for glossy rays（对光泽光线使用灯光缓存）：勾选此项，灯光缓存也将被用于计算平滑光线的照明，这有助于加速具有平滑反射的场景的渲染速度。

3. Mode（模式）

From file（从文件）：在 Single frame（单帧）的模式下灯光缓存可以作为一个文件被导入。

Save to file（保存到文件）：保存当前计算的灯光贴图到内存中已经存在的灯光贴图文件中。

4. On render end（在渲染结束时）

该选项组控制 V-Ray 渲染器在渲染结束后如何处理灯光缓存。

6.2.6 Environment（环境）

进入 V-Ray，展开 Environment（环境）卷展栏，如图 6-10 所示。

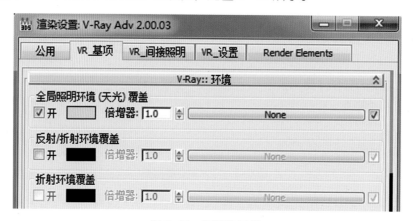

图 6-10　环境卷展栏

在 V-Ray 渲染参数的环境部分，用户能指定在 GI 和反射／折射计算中使用颜色和贴图。如果没有指定，V-Ray 将使用 3ds Max 的背景色和贴图来代替。

1. GI Environment skylight（GI 环境天空光）

在计算间接照明时替代 3ds Max 的环境设置。

Color（颜色）：允许用户指定背景颜色，即天空光的颜色。

Multiplier（倍增值）：指定颜色的亮度倍增值。

None（纹理）：允许指定背景纹理贴图。

【小贴士】

如果为环境设定了纹理贴图，倍增值将不会影响到贴图。

2. Refractive/Reflective environment（反射／折射环境）

在计算 Refractive/Reflective environment（反射／折射环境）的时候替代 3ds Max 自身的环境设置。当然，也可以选择在每一个材质或贴图的基本设置部分来替代 3ds Max 的反射／折射环境。选项内容同上。

6.2.7 Color mapping（颜色映射）

颜色映射通常被用于最终图像的色彩转化，颜色映射卷展栏参数如图 6-11 所示。

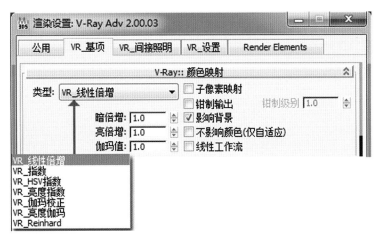

图 6-11　颜色映射卷展栏参数

颜色映射常用的类型有以下几种。

（1）Linear multiply（线性倍增）：这种模式可能会导致靠近光源的点过分明亮，使画面产生曝光现象。

Dark multiplier（暗倍增）：在线性倍增模式下，此选项控制暗色彩的倍增。

Bright multiplier（亮倍增）：在线性倍增模式下，此选项控制亮色彩的倍增。

（2）Exponential（指数）：这个模式将基于亮度来使之更饱和，这对预防曝光是很有用的。

（3）Reinhard（混合曝光）：此选项是 V-Ray 1.5 推出的一个新曝光功能，可以把线性和指数曝光结合在一起。

Multiplier（倍增）：表示在选择 Reinhard（混合曝光）时，场景的亮度。

Burn value（加深值）：其值为 1 时，是线性曝光；其值为 0.5 时，是指数曝光。一般选择 0.5 ~ 1 的值进行调节。

6.2.8　Camera（摄影机）

摄影机卷展栏控制场景中的几何体投射到图形上的方式，摄影机卷展栏参数如图 6-12 所示。

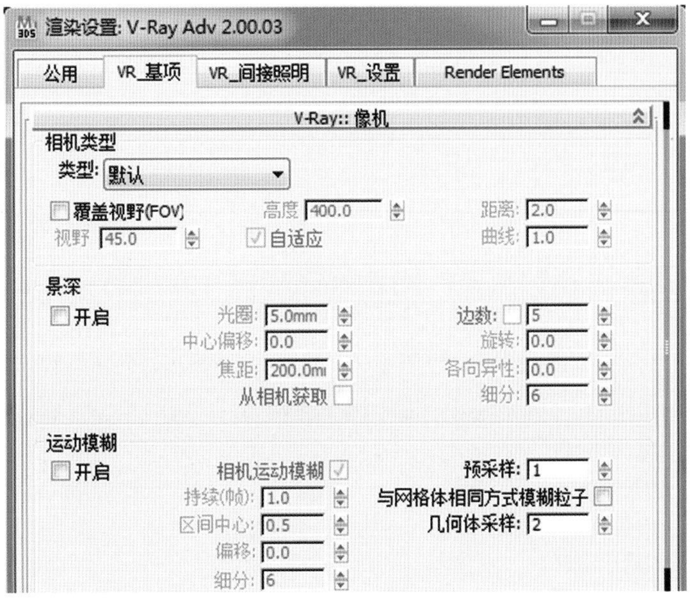

图 6-12　摄影机卷展栏参数

Type（类型）：在下拉列表中可以选择摄影机的类型。

Depth of field（景深）和 Motion blur（运动模糊）这两个选项只有标准类型的摄影机才支持，其他类型的摄影机是无法产生景深特效的。

6.2.9 RQMC Sampler（RQMC 采样器）

RQMC Sampler（RQMC 采样器）卷展栏如图 6-13 所示。

图 6-13 RQMC 采样器卷展栏

QMC，即准蒙特卡洛采样器的英文缩写。它是 V-Ray 的核心，贯穿于 V-Ray 的每一种模糊计算中的抗锯齿、景深、间接照明、面积灯光、模糊反射 / 折射、半透明等。

Adaptive amount（自适应数量）：控制早期终止应用的范围。其值为 1 时意味着在使用早期终止算法之前被使用的最小可能的样本数量；其值为 0 则意味着不会使用早期终止。

Min samples（最少采样）：确定获得的最少的样本数量。其值越高，渲染速度越慢。

Noise threshold（噪波阈值）：评估一种模糊效果是否足够好的时候，产生的噪波数量。较小的取值意味着较少的噪波、使用更多的样本，渲染品质越好。

Global subdive multiplier（全局细分倍增器）：用户可以使用这个参数来快速提高或降低任何地方的采样品质。

Time independent（独立时间）：主要用于动画渲染过程。

6.2.10 Default displacement（默认置换）

默认置换，意思是允许用户控制使用置换材质而没有应用 V-Ray displacementMod（V-Ray 置换）修改器的物体置换效果。在勾选 Override Max（覆盖 Max）后，V-Ray 将使用自己内置的微三角置换来渲染具有置换材质的物体，反之，将使用标准的 3ds Max 置换来渲染物体。默认置换卷展栏如图 6-14 所示。

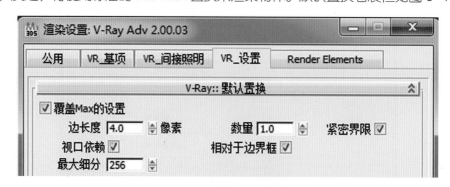

图 6-14 默认置换卷展栏

【小贴士】

System（系统）卷展栏里面有多种控制 V-Ray 的参数。用户在学习 V-Ray 的初期可以保持参数默认状态。

6.3　V-Ray 物理相机介绍

V-Ray 物理相机的功能和现实中的相机功能相似，都有光圈、快门、曝光等调节功能，通过 V-Ray 物理相机能制作出更真实的作品，V-Ray 物理相机参数面板如图 6-15 所示。

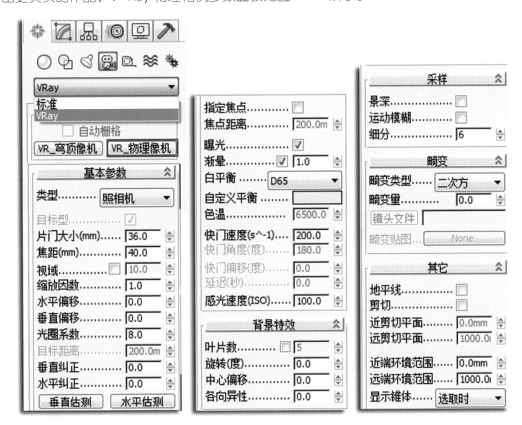

图 6-15　V-Ray 物理相机参数面板

6.3.1　Basic parameters（基本参数）

（1）Type（类型）：V-Ray 物理相机共有三种相机类型。

① still cam（静态相机）：用来模拟常见的快门静态画面。

② movie cam（电影相机）：模拟一台圆形快门的电影摄影机。

③ video cam（视频相机）：模拟带有 CCD 矩阵的快门摄影机。

（2）targeted（目标型）：勾选此项，相机的目标点将放在焦平面上。

（3）film gate（视野）：控制相机所看到的景色范围。

（4）focal length（焦距）：控制相机的焦长。

（5）zoom factor（缩放因数）：控制相机视图的缩放。值越大，相机视图就拉得越近。

（6）distortion（扭曲）：控制摄影机的扭曲系数。

（7）f-number（光圈系数）：设置相机的光圈大小，控制渲染图的最终亮度。值越小图就越亮，值越大图就越暗。同时和景深也有关系，大光圈景深小，小光圈景深大。

（8）target distance（目标距离）：相机到目标点的距离。默认情况下是关闭的。当勾选 target 时，就可用此项进行距离控制。

（9）white balance（白平衡）：和真实相机一样，控制偏色。

（10）shutter speed（快门速度）：控制光的进光时间。值越小，进光时间就越长，图就越亮。反之，值越大，进光时间就越短，图就越暗。

（11）film speed（ISO）：控制图的亮暗。值越大，表示 ISO 感光系数就越大，图就越亮。

6.3.2　Bokeh effects（散景效果）

（1）blades（边数）：控制散景产生的小圆圈的边，默认为 5。如果不勾选，那么散景呈圆形。

（2）rotation（旋转）：控制散景产生的小圆圈的旋转角度。

（3）center bias（中心偏移）：控制散景偏移原物体的距离。

（4）Anisotropy（各向异性）：值越大，控制散景产生的小圆圈越长，越接近于椭圆形。

6.3.3　Sampling（采样）

（1）depth-of-field（景深）：控制是否产生景深。

（2）motion blur（动态模糊）：控制是否产生动态模糊。

（3）subdivisin（细分）：控制景深和动态模糊的采样细分。值越大，杂点就越多，图像的品质就越高，渲染时间也就越慢。

本章节的内容，主要讲述了 V-Ray 渲染器常用的参数含义，希望对 V-Ray 的学习者有一定的帮助。

3ds Max yu V-Ray Shineiwai Xiaoguotu Shili Jiaocheng

第 7 单元

V-Ray 常用材质设置

在室内效果图的表现过程中，各种材料质感的表现是重点。本单元通过场景文件来讲述室内常见材质的表现方法和技巧。

7.1 本例场景介绍

打开本场景文件，如图7-1所示，这是一个简单的带有窗户的客厅。场景内的主要家具模型包括了木地板材质、布艺材质、玻璃材质、金属材质、陶瓷材质等常用的室内材质类型。如图7-1所示为场景渲染前后对比。下面我们就对V-Ray材质的渲染，进行详细讲述。

图7-1 场景渲染前后对比

7.2 V-Ray 材质编辑器介绍

7.2.1 设定 V-Ray 标准材质编辑器

按【M】键，打开材质编辑器对话框。单击材质通道上的标准材质，选择 VRayMtl（V-Ray 基本材质），单击确定，弹出 V-Ray 材质编辑器，如图7-2所示。

7.2.2 V-Ray 标准材质编辑器介绍

V-Ray 标准材质编辑器的参数面板如图7-3所示。

（1）Basic parameters（基本参数卷展栏）如图7-4所示。

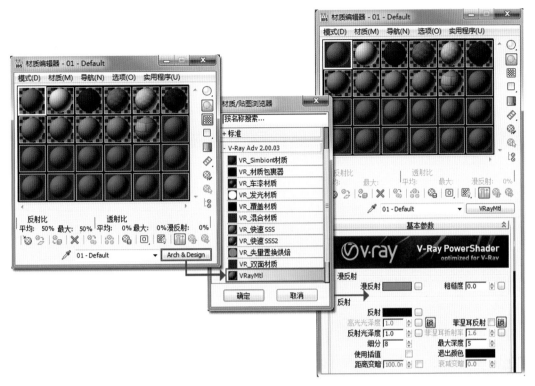

图 7-2　V-Ray 材质编辑器

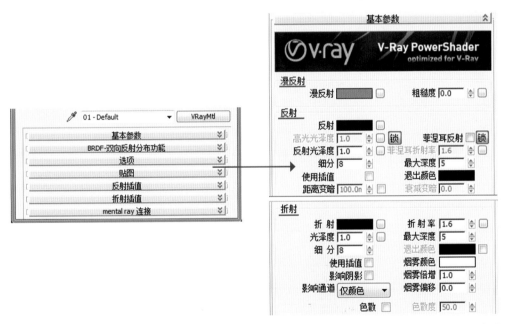

图 7-3　V-Ray 标准材质编辑器的参数面板　　图 7-4　Basic parameters（基本参数卷展栏）

① Diffuse（漫反射）：设置物体材质的漫反射颜色和强度。

② Reflect（反射）：设置物体材质的反射颜色和反射强度。在反射颜色的设定上，黑色表示无反射，白色表示完全反射，漫反射颜色则无意义。

Fresnel IOR（菲涅耳反射）：在 Fresnel IOR 选项后面的 L（锁定）按钮弹起的时候参数被激活，可以单独设置 Fresnel IOR。

Hilighe glossiness（高光光泽度）：表现 V-Ray 的高光状态。默认情况下，L 按钮被按下，Hilighe glossiness 处于非激活状态。

　　Reflglossiness（反射光泽度）：设置反射的锐利效果。其值为 1 的时候表示完美的镜面反射效果，值越小，反射效果越模糊。反射平滑品质由细分参数决定。

　　Subdivs（细分）：值越小，渲染速度越快，渲染品质越低。

　　Max depth（最大深度）：定义反射能完成的最大次数。

　　Exit color（退出颜色）：光线在场景中反射达到最大深度定义的反射次数后停止反射，此时这个颜色将被返回，并且不再追踪远处的光线。

　　③ Refraction（折射）：光从真空射入介质发生折射，折射率表示光在介质中传播时，介质对光的一种特征。折射部分的几个参数与反射中的参数意义是一样的，下面我们只针对几个新的参数进行讲解。

　　漫反射颜色：白色为百分之百透明物体。

　　Fog color（烟雾颜色）：当光线穿透材质的时候，它会变得稀薄，这个选项可以让用户模拟厚的物体比薄的物体明度低的情形。

　　Fog multiplier（烟雾倍增）：定义雾效的强度，不推荐超过 1。

　　Affect shadows（影响阴影）：这个选项导致物体投射透明阴影。

　　Affect alpha（影响通道）：勾选选项将影响物体的 alpha 通道。

　　（2）BRDF（双向反射分布功能）：这是控制物体表面的反射特性的常用方法，用于定义物体表面的光谱和空间反射特性。双向反射分布功能卷展栏如图 7-5 所示。

图 7-5　双向反射分布功能卷展栏

　　① Anisotropy（各向异性）：设置高光的各向异性特征。

　　② Rotation（旋转）：设置高光的旋转角度。

　　③ UV vector derivation（UV 矢量源）：可以设置为物体自身的 X/Y/Z 轴，也可以通过贴图通道来设置。

　　（3）Options（选项）：用于设置材质的一般选项，如图 7-6 所示。

图 7-6　Options（选项）卷展栏

Trace reflections（跟踪反射）：控制光线是否跟踪反射。

Trace refractions（跟踪折射）：控制光线是否跟踪折射。

Double-sided（双面）：控制是否设定几何体的面都是双面。

Reflect on back side（背面反射）：该选项强制 V-Ray 始终追踪光线。

Use irradiance map（使用发光贴图）：使用发光贴图来追踪光线。

Cutoff（自动开关）：用于定义反射、折射追踪的最小极限值。当反射、折射对一幅图像的最终效果的影响很小时，将不会进行光线的追踪。

Energy preservation mode（能量保存模式）：系统提供了两种选择，RGB 颜色和单色，其参数含义与 3ds Max 标准的贴图含义相同。

（4）Map（贴图）：Map（贴图）卷展栏如图 7-7 所示，其中大部分参数都与 3ds Max 的贴图材质面板的参数的用法是一样的，在此不再赘述。

图 7-7　Map（贴图）卷展栏

（5）reflect interpolation（反射插值）：只有在基本参数栏中勾选使用反射插补后才会发挥作用，如图 7-8 所示。

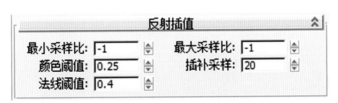

图 7-8　反射插值卷展栏

（6）refract interpolation（折射插值）：只有在基本参数栏中勾选使用折射插补后才会发挥作用。

在渲染场景中，只要有可能，最好使用 VRayMtl，这种材质为 V-Ray 渲染器做了特别的优化处理。一般情况下，使用 VRayMtl 计算 GI 和照明比使用 3ds Max 标准材质要快，VRayMtl 也可为不光滑物体产生反射、折射效果。

7.2.3　V-Ray 渲染器新增的 V-Ray 材质

如图 7-9 所示，V-Ray 渲染器新增了一些 V-Ray 材质，这些材质的使用方法和 3ds Max 中的标准材质操作大致是一样的。这里不再详细讲述其用法，会在下面的实例渲染中陆续接触到新增 V-Ray 材质的渲染。

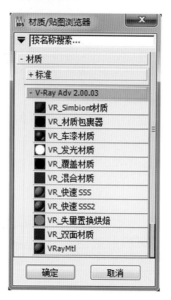

图 7-9　新增 V-Ray 材质

7.3　V-Ray 常见材质的渲染

7.3.1　场景中的灯光设置

首先对场景进行灯光的设置，具体设置参考后章节的渲染，如图 7-10 所示，场景内设置两盏灯：目标平行光模拟的是太阳光；V-Ray 面光源作为室内空间的补光。

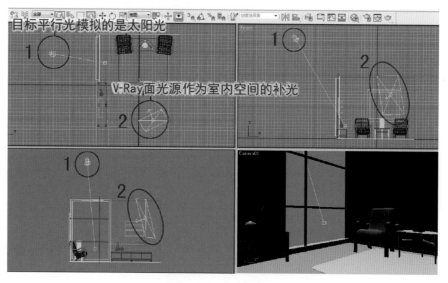

图 7-10　场景灯光设置

7.3.2 木地板材质的设置

木地板材质的属性特征：表面光滑，带有模糊的反射现象，表面有比较粗糙的凹凸纹理，并带有一定的高光。现实中的木地板，反射较为模糊，并且有由远及近的衰减效果，离人眼越近，反射越弱，离人眼越远，反射越强，我们把这种反射称为菲涅耳反射。

【小贴士】

菲涅耳反射是一种衰减的反射效果，它实际是光的一种很重要的特性，尤其木纹的这种衰减现象特别明显。在 3ds Max 中，提供了 Fresnel（菲涅耳）反射功能，制作中可以很方便地使用该功能来模拟现实中光线的 Fresnel 效应。

（1）按【M】键，打开材质编辑器面板，将该材质球命名为"木地板"，并转换为 VRayMtl，使用 V-Ray 材质来制作，如图 7-11 所示。

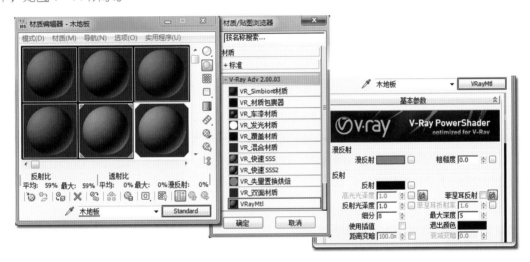

图 7-11　材质编辑器面板

（2）单击漫反射按钮，在弹出的材质 / 贴图浏览器中选择位图，选择配套光盘中提供的木地板贴图，如图 7-12 所示。

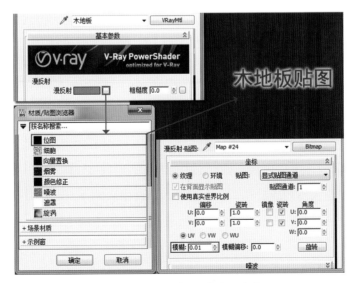

图 7-12　为地板材质赋予贴图

在弹出的 Coordinates（坐标）卷展栏中，更改 Blur（模糊值）为 0.01，使木地板的纹理更清晰。

【小贴士】

（1）模糊值控制表面纹理模糊程度，其值越大越模糊，越小越清晰。

（2）本案例的所有模型都已经添加 UVW 贴图坐标，所以赋予贴图后，一般都以合适的平铺值出现在画面中。而用户实际赋予贴图时，还需要为模型添加 UVW 坐标，并对其进行调整。这和 3ds Max 的标准材质的做法是一样的，在此不再赘述。

（3）打开基本参数卷展栏，设置反射后面的颜色为灰蓝色，这种颜色使地板的高光、反射区域更加干净，能映射出天空的颜色；勾选菲涅耳反射；更改细分值为 15，使材质的质感更细腻；观察材质球，有轻微的反射效果。对场景进行局部渲染（局部渲染能提高渲染速度），局部渲染效果如图 7-13 所示。

【小贴士】

Fresnel 反射能让木地板模拟真实生活中的反射现象。一般来说，离摄影机近的地方，反射较弱；离摄影机远的位置，反射较强。

（4）继续设置 Reflglossiness（反射光泽度或模糊反射）值为 0.85，局部渲染效果如图 7-13 所示。此时地面出现了模糊的反射效果。

（5）地板的木纹是有一定肌理感的材质，需要添加凹凸贴图来制作其凹凸不平的肌理感觉。打开贴图卷展栏，将漫反射通道中的贴图拖拽到凹凸通道中，并在弹出的窗口中选择实例选项。设置凹凸值为 10，使木纹的凹凸质感更加明显，如图 7-14 所示。

图 7-13　局部渲染效果

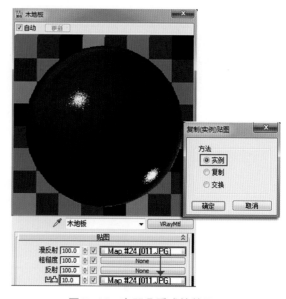

图 7-14　有凹凸质感的效果

（6）观察最终渲染结果。木纹材质赋予完毕，最终渲染效果如图 7-15 所示。

【小贴士】

一般来说，地板的木纹凹凸质感并不是特别明显。在制作木地板的凹凸质感时，凹凸值通常设置得小一些。值太大，凹凸感太明显，这样会失真。在制作其他纹理比较清晰的木纹材质时，可以把原贴图在 PhotoShop 软件中修改成黑白灰图片（也可使用原色图片），作为凹凸通道的贴图。这样，木纹的凹凸纹理更清晰。

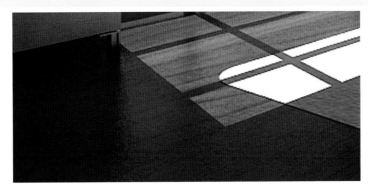

图 7-15　最终渲染效果

7.3.3　皮纹材质的设置

（1）皮纹材质的属性特征：材质表面光滑，有一定的皮质肌理感，且具有一定的高光和反射效果。为方便讲述，把场景中内侧的沙发椅设置为皮纹材质。

（2）选择材质球并命名为"皮纹材质"，并转换为 VRayMtl，如图 7-16 所示。

（3）皮纹材质参数设置如图 7-17 所示。

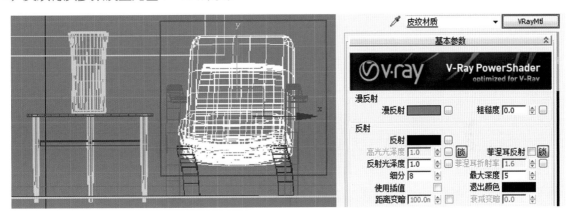

图 7-16　皮纹材质的属性

图 7-17　皮纹材质参数设置

（4）单击 返回父级按钮，为皮纹材质添加反射，反射参数设置如图 7-18 所示。观察材质球，皮纹出现了轻微的反射效果，还具有衰减的反射现象。

（5）皮纹是有肌理感的材质，需添加凹凸贴图来制作其凹凸不平的肌理感觉。打开贴图卷展栏，在凹凸通道中添加皮纹的黑白灰贴图，并把凹凸值更改为 50，使皮纹的凹凸感更强烈一些，如图 7-19 所示。

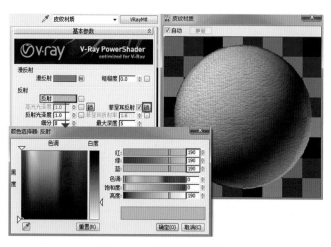

图 7-18　反射参数设置　　　　　　　　　　　　　图 7-19　皮纹材质添加凹凸贴图

（6）在基本参数卷展栏中设置参数，如图 7-20 所示。

【小贴士】

设置反射的同时，材质出现了高光效果，它的参数值越接近 1，高光面积越小，强度越高。单击后面的 L 按钮解除锁定，调整参数设定高光面积大小。

（7）渲染，观察视图，整个场景内色彩过于单一。现在讲述怎么不更换贴图而改变材质的颜色。

打开贴图卷展栏，把漫反射通道前的"对勾"去掉。这样，就会发现在基本参数卷展栏中漫反射后面的字母由"M"变成了"m"，在这种情况下，漫反射颜色和皮革贴图的纹理就结合在一起了，更改漫反射的颜色为红色，随之材质球也变成了红色，如图 7-21 所示。

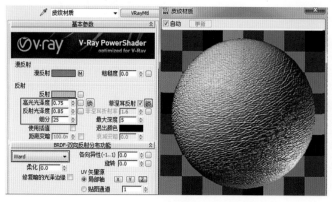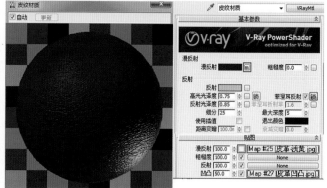

图 7-20　基本参数卷展栏参数设置　　　　　　　　　图 7-21　更改漫反射的颜色

7.3.4　布艺材质的设置

（1）布艺材质分为绒布、棉布和毛料等类型，场景内的沙发为绒布材质，先来分析一下其属性特征：绒布表面粗糙，基本上没有反射和高光现象，但表面会有一层很明显的绒毛，重点在于表现绒布材质的毛茸茸的质感。

（2）选择材质球命名为"布艺"，并转换为 VRayMtl。

（3）为布艺材质设置漫反射颜色为暖黄色。根据布艺沙发的明暗过渡关系，用单色是无法实现这种效果的，需要使用衰减来表现。单击漫反射右侧的空白按钮，在弹出的材质/贴图浏览器中双击衰减设置，如图 7-22 所示。

（4）单击 返回父级按钮，回到基本参数卷展栏，右击漫反射，弹出复制，回到衰减参数卷展栏，将复制的漫反射颜色粘贴到衰减色块中，如图 7-23 所示。在衰减参数卷展栏中，暖黄色代表与相机接近的区域，白色代表远离相机的地方，从材质球中能看到黄色到白色的过渡效果。

图 7-22　衰减设置

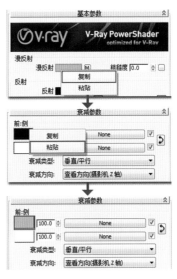

图 7-23　复制漫反射颜色

为了使白色与黄色更具有统一性，拖拽黄色块到白色块上，在弹出的对话框中单击 复制 ，编辑原来白色块上的黄色，将颜色滑块下拉，调整为接近白色，如图 7-24 所示，目的是使白色与暖黄色在色系上统一。

（5）观察渲染，为了达到更细致的质感，可以再次添加衰减贴图，再次添加衰减贴图的参数设置如图 7-25 所示。

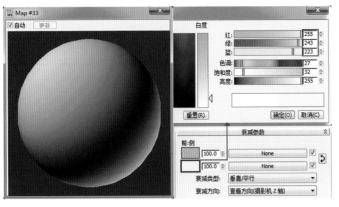

图 7-24　调整颜色

图 7-25　再次添加衰减贴图的参数设置

（6）从渲染图像可以发现，布艺沙发毛茸茸的质感已经表现得很好了，为了使布艺具有凹凸的肌理感，在凹凸通道中添加一张黑白凹凸贴图，并把凹凸值提高到 200。选择配套光盘中提供的布艺褶皱贴图，如

图 7-26 所示。

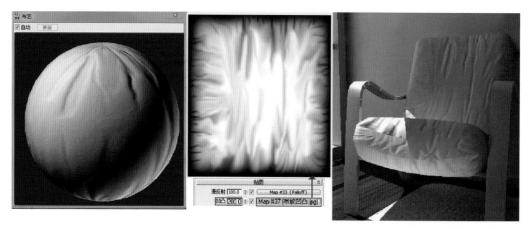

图 7-26　添加凹凸贴图后的效果

【小贴士】

仔细观察区域测试渲染结果，发现布纹的凹凸边缘太过生硬和强烈。此时通常可用两种方法来解决。

方法一：减小凹凸通道的凹凸值，改变凹凸强弱。

方法二：增大坐标卷展栏中的模糊值，重点改变凹凸边缘的强度。

（7）将模糊值设为 3，渲染后得到沙发渲染效果，如图 7-27 所示。

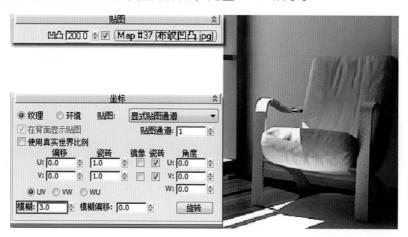

图 7-27　沙发渲染效果

【小贴士】

棉布的制作思路分析如下。

（1）棉布表面较为光滑，具有一定的高光效果，所以可将高光光泽度的参数值设为 0.25，并取消勾选跟踪反射选项，称为"大高光"。具体参考下面乳胶漆材质的设置。

（2）棉布材质表面也有一层短短的绒毛，没有绒布明显，但仍需表现出来。做法同绒布材质，给漫反射通道添加一次衰减贴图即可。

7.3.5　金属材质的设置

（1）模拟镜面反射的高抛光金属质感制作，这种材质表面光滑，有强烈和清晰的反射，类似于镜面。

①选择一个材质球命名为"镜面金属",并转换为 VRayMtl。

②镜面金属材质参数设置如图 7-28 所示。

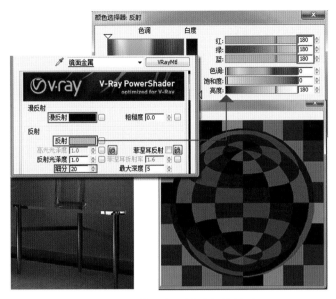

图 7-28   镜面金属材质参数设置

【小贴士】

（1）设置金属的漫反射颜色较难把握，错误的漫反射颜色会影响材质的最终渲染效果，不锈钢之类的金属一般为冷色系的蓝灰色。

（2）不同的金属的反射效果和漫反射的颜色都不相同，在制作中需要根据实际需要来制作。

（2）模拟磨砂金属材质：该材质表面粗糙，反射较弱，且具有非常模糊的反射效果，其表面有较为强烈的高光。该场景中，画框和沙发扶手均为磨砂不锈钢。

①选择一个材质球命名为"不锈钢画框"，并转换为 VRayMtl。

②设置漫反射颜色为 128 度灰；设置反射后的颜色为 225 度灰，模拟高强度的反射效果；设置模糊反射值为 0.75，降低表面光泽度；增大细分值为 15，使材质的质感更细腻，如图 7-29 所示。

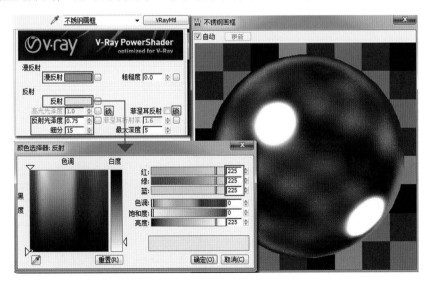

图 7-29   设置参数

【小贴士】

　　观察材质球，出现了圆形的小高光。磨砂金属材质的特殊性在于，其高光不是圆形的，而是由于其表面磨砂纹理形成的不规则形状的高光。

　　③设置双向反射分布功能的反射类型为 Ward 类型，各向异性值改为 0.6，如图 7-30 所示，磨砂金属材质调节完成。

图 7-30　磨砂金属材质调节

　　注：磨砂金属的制作重点在于通过调节双向反射分布功能的各向异性值来形成其特有的高光形状。

7.3.6　乳胶漆材质的设置

　　（1）乳胶漆材质是室内表现中常用的材质，乳胶漆材质的视觉特点是表面有略微的粗糙现象，但整体较为平整，有强度较弱且面积较大的高光，基本没有反射现象。

　　（2）选择一个材质球命名为"墙面"，转换为 VRayMtl。

　　（3）乳胶漆材质的参数设置如图 7-31 所示。

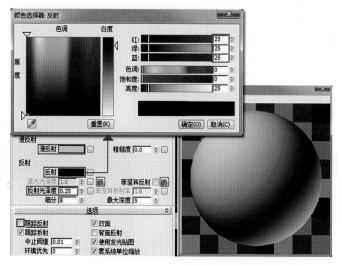

图 7-31　乳胶漆材质的参数设置

【小贴士】

VRayMtl 在没有反射的情况下，颜色为完全黑色，R/G/B 数值为 0 时，调节其高光参数是不起任何作用的。如果要调节高光光泽度参数，需要设置一定的反射效果。

设置完上述参数后，单击▓▓按钮，打开材质球背景显示，观察材质球，有轻微的反射效果。现实生活中看到的乳胶漆材质是不具备反射效果的，但是关闭反射效果，材质球就不具备高光了。下面来学习实现材质既具备高光但看不到反射的方法。

（4）打开选项卷展栏，取消勾选跟踪反射选项，材质即不具备反射效果。这就是俗称的"大高光"。

【小贴士】

上述方法是设置只具备高光而不具备反射效果的材质的制作方法，即为材质设置一定的反射效果，并调节高光光泽度为 0.25，最后取消勾选跟踪反射选项，即可实现材质只计算高光，不计算反射的效果。

至此，墙面的乳胶漆材质就调节完成了。

7.3.7　玻璃材质的设置

（1）普通玻璃的属性特征：表面光滑，有反射和折射现象，高光较强，材质透明度高。下面讲述其制作方法。
①选择一个材质球并命名为"普通玻璃"，转换为 VRayMtl。
②玻璃材质的参数设置如图 7-32 所示。

图 7-32　玻璃材质的参数设置

（2）蓝玻璃（有色玻璃）的属性特征：表面光滑，有反射和折射现象，高光较强，材质透明度高并且其固有色为蓝色。下面讲述有色玻璃的制作方法。
①按【M】键打开材质编辑器面板，选择一个材质球命名为"有色玻璃"，转换为 VRayMtl。
②单击烟雾颜色后的色样，设置颜色为蓝色，设置 Fog multiplier（烟雾倍增）为 0.002。其他参数设置如图 7-33 所示。

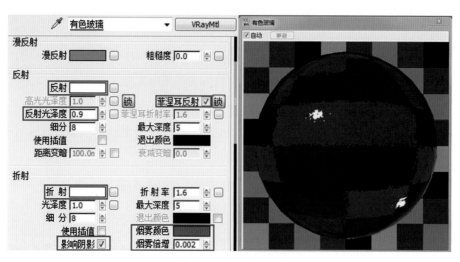

图 7-33   其他参数设置

【小贴士】

调节有色玻璃材质，设置折射为完全折射后，材质的颜色就不再受漫反射颜色控制了，通常会使用烟雾颜色参数来设置玻璃颜色。

如图 7-34 所示，有色玻璃具有了淡淡的蓝色，且具有了面积小而强烈的高光。

图 7-34   调节有色玻璃材质

7.3.8   油漆材质的设置

（1）油漆材质的属性分析：这是室内装饰的常见材质，其材质的视觉特性较为光洁，高光和反射都比较强烈。

（2）白色油漆材质的制作。

①按【M】键打开材质编辑器面板。选中场景中的柜体，将材质赋予模型，并将该材质球命名为"白色油漆"，将其转换为 VRayMtl。

②设置 Diffuse（漫反射）的颜色为白色。

【小贴士】

　　在设置白色时，可以让其略带一点淡蓝色，使之更干净。

③油漆材质的参数设置如图 7-35 所示。

图 7-35　油漆材质的参数设置

　　④设置其他参数，更改反射光泽度的值为 0.85，设置之后发现材质球的高光随之发生了变化，但是此时的高光很锐利，面积小且强度高，与真实油漆材质的高光不符合，需要对高光进行设置，如图 7-36 所示。

　　⑤单击高光光泽度旁边的锁，解除锁定，设置参数值为 0.65。增大细分值为 15，使材质的质感更细腻。如图 7-37 所示，这时的高光效果较为柔和，与油漆材质相类似。

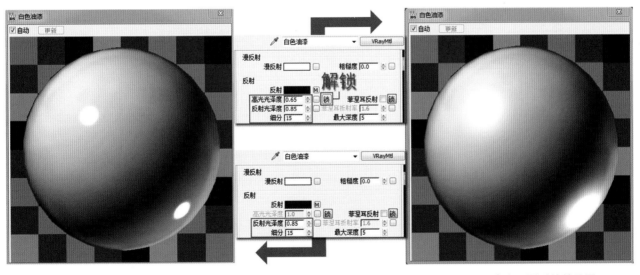

图 7-36　对高光进行设置　　　　　　　　　　图 7-37　高光设置后的效果图

【小贴士】

　　黑色油漆的调节方法和白色油漆类似，此处不再赘述。注意两点：黑色油漆的调节通常不是全黑，略带一点蓝色；黑色油漆的高光比白色油漆亮度略低一些。

7.3.9　陶瓷材质的设置

（1）陶瓷材质的属性分析：这是室内装饰的常见材质，表面光滑，有反射效果，其反射很清晰但是强度较弱，高光效果很明显。

（2）白色陶瓷材质的制作。

①按【M】键打开材质编辑器面板。选中场景中的瓷器，将材质赋予模型，并将该材质球命名为"白色陶瓷"，将其转换为 VRayMtl。

②陶瓷材质的参数设置如图 7-38 所示。

图 7-38　陶瓷材质的参数设置

【小贴士】

现实中陶瓷并不像镜面一样反射清晰，还是存在一定模糊效果的，所以还要添加模糊反射。

③更改反射光泽度的值为 0.9，设置后材质呈现锐利的高光，如图 7-39 所示。

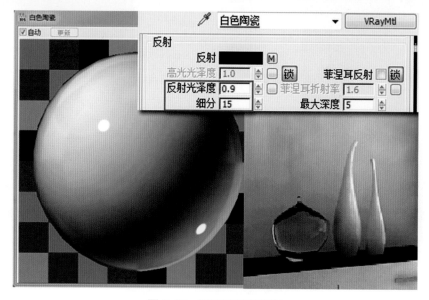

图 7-39　更改反射光泽度

3ds Max yu V-Ray Shineiwai Xiaoguotu Shili Jiaocheng

第 8 单元

VRay 灯光及参数

本单元将介绍 VRay 灯光类型及其相关参数。VRay 灯光面板位于灯光面板中，如图 8-1 所示。VRayLight（VR_ 光源）和 VRaySun（VR_ 太阳光）是本单元主要学习的类型。

图 8-1　VRay 灯光面板

8.1　VR_ 光源参数

VR_ 光源卷展栏如图 8-2 所示。

图 8-2　VR_ 光源卷展栏

1. General（基本）

图 8-3 所示为 General 参数面板。

（1）开：灯光开关。

（2）Exclude（排除）：排除物体。

（3）Type（类型）：灯光类型。

灯光类型为三种：

① Plane Type（平面类型）：把 VRay 灯光设置成长方形。

② Dome Type（半球型）：把 VRay 灯光设置成边界盒形状。

③ Sphere Type（球型）：把 VRay 灯光设置成穹顶形状。

2. Intensity（亮度）

图 8-4 所示为亮度参数面板。

图 8-3　General 参数面板

图 8-4　亮度参数面板

（1）Units（单位）：灯光亮度单位，法定计量单位为 cd/m^2。

① Default（image）默认（图像）：默认类型，通过灯光的颜色和亮度来控制灯光最后的强弱，如果忽略曝光类型的因素，灯光色彩将是物体表面受光的最终色彩。

② Luminous power（光通量）（lm）：使用这种类型的时候，灯光的亮度和灯光的大小无关。

③ Iance（发光强度）：选择这种模式时，灯光的亮度和它的大小有关系。

④ Luminance（辐射量）：选择这种类型的时候，灯光的亮度和它的大小有关系。

⑤ Radiant power（辐射量强度）（W，瓦特）：选择这种类型的时候，灯光的亮度和灯光的大小无关，但是，这里的瓦特和电学上的瓦特不一样，这里的瓦特，500 W 等于电学上的 10 ~ 15 W。

（2）Color（颜色）：灯光颜色。

3. Size（大小）

图 8-5 所示为大小参数项目。

（1）Half length（半长度）：面光源长度的一半。如果灯光类型选择球型，那么这里就变成球光的半径。

（2）Half-width（半宽度）：面光源宽度的一半。如果灯光类型选择半球型或者球型，该参数值不起作用。

4. Options（选项）

图 8-6 所示为选项参数项目。

（1）Double-sided（双面）：使灯光的两个面都产生照明效果，该值只针对面光源。

（2）Invisible（不可见）：用来控制最终渲染时是否显示 VRay 灯的形状。

（3）Ignore light normals（忽略灯光法线）：这个选项控制灯光的发射是否按照光源的法线发射。当该选项打开时，渲染的效果更加平滑。

（4）No decay（不衰减）：在真实世界中，远离光源的表面会比靠近光源的表面显得更暗。勾选此项后，灯光的亮度将不会因为距离而衰减。

（5）Skylight portal（天空光入口）：这个选项是把 VRay 灯转换为天空光，这时的 VRay 灯就变成了 GI 灯，失去了直接照明。当勾选了这个选项的时候，参数将不可用，这些参数将被天空光参数取代。

（6）Store with irradiance map（存储在发光贴图中）：当该选项选中并且全局照明设定为发光贴图时，

VRay 将再次计算 VRayLight 的效果并且将其存储到光照贴图中。其结果是光照贴图的计算会变得更慢，但是渲染成图的时候，渲染速度会提高很多。当渲染完光子的时候可以把这个 VRay 灯关闭或者删除，它对最后的渲染效果没影响，因为它的光照信息已经保存在发光贴图里了。

（7）Affect diffuse（影响漫反射）：决定灯光是否影响物体材质属性的漫反射。

（8）Affect specular（影响高光）：决定灯光是否影响物体材质属性的高光。

（9）Affect reflections（影响反射）：决定灯光是否影响物体的反射。

5. Sampling（采样）

图 8-7 所示为采样参数项目。

图 8-5　大小参数项目

图 8-6　选项参数项目

图 8-7　采样参数项目

（1）Subdivs（细分）：这个参数控制 VRay 灯的采样细分。

比较低的值，杂点多，渲染速度快；比较高的值，杂点少，渲染速度慢。

（2）Shadow bias（阴影偏移）：这个参数控制 VRay 灯的采样细分与阴影偏移距离，较高的值会使阴影向灯光的方向偏移。

（3）Cut-off（阀值）：在 VR_ 光源参数中新增加了阀值，可缩短多个微弱灯光场景的渲染时间。也就是说，当场景中有很多微弱而不重要的灯光的时候，可以使用阀值参数来控制它们，以减少渲染时间。

8.2　VR_IES 光源参数

　　VR_IES 灯光可以调用外部光域网文件，其与光度学灯光类型中光域网文件的调用类似。当创建 VR_IES 后，可以通过 修改灯光的参数。

　　VR_IES 光源参数卷展栏如图 8-8 所示。

（1）enabled（开启）：用来设定 VR_IES 灯的开启和关闭。

（2）targeted（目标）：用来显示或关闭 VR_IES 灯的目标点。

（3）　　None　　按钮可调用外部光域网文件。

（4）RotationX_RotationY_RotationZ：用来设定 VR_IES 灯的坐标方位。

（5）Cast Shadows（投射阴影）：用来控制物体对光产生阻挡作用（阴影）。

（6）Shadows bias（阴影偏移）：阴影的偏差值，其中 bias 参数值为 1.0 时，阴影有偏移，大于 1.0 时阴影远离投影对象，小于 1.0 时，阴影靠近投影对象。如果偏差值太极端，阴影可能不会正常显示。

（7）Shape subdivs（形状细分）控制 VR_IES 灯的采样细分。

（8）Color mode（色彩模式）：可选择颜色模式与色温模式，当选择色温模式时，Color temperature（色温）数值可设定。

（9）Power（功率）：灯光功率（亮度），例如一个典型的 100 W 电灯发出的光约为 1 500 lm。

（10）Area speculars（区域高光）：当这个选项关闭时，特别的光就会被作为一个点光源的镜面反射。

（11）［排除…］按钮可排除对选定物体的照明影响。

图 8-8　VR_IES 光源参数卷展栏

8.3　VR_ 环境光参数

环境光是用来模拟漫反射的一种光源。它能将灯光均匀地照射在场景中的每个物体上面，相当于光照模型中各物体之间的反射光，因此通常用来表现光强中非常弱的那部分光，比如阳光下看到的阴影部分。在使用时可以忽略方向和角度，只考虑光源的位置。VR_ 环境光参数卷展栏如图 8-9 所示。

图 8-9　VR_ 环境光参数卷展栏

8.4　VR_ 太阳参数

　　VR_ 太阳和 VR_ 光源能模拟物理世界里的真实阳光和天空光的效果,阳光的效果变化随着 VR_ 太阳位置的变化而变化。VR_ 太阳参数卷展栏如图 8-10 所示。

图 8-10　VR_ 太阳参数卷展栏

8.4.1　VRay 阳光天空系统调节方式

　　(1)VR_ 太阳和 VR_ 光源关联使用,其贴图会随着太阳角度的变化而产生相应的变化。

　　(2)VR_ 太阳和 VR_ 光源分开进行调节,即 VR_ 太阳和 VR_ 光源具有单独的数值。

8.4.2　VR_ 太阳参数项目

　　(1)enabled(开启):用来设定 VR_ 太阳的开启和关闭。

　　(2)invisible(不可见):勾选此选项后,VR_ 太阳灯光物体不显示。

　　(3)cast atmospheric shadows(投射大气阴影):勾选此选项后,投射大气阴影选项可以进行设定。

　　(4)turbidity(混浊度):大气的混浊度,这个数值是 VR_ 太阳参数面板中比较重要的参数值,它控制大气混浊度的高低。早晨和黄昏时阳光的颜色为红色,正午为很亮的白色,原因是太阳光在大气层中穿越的距离不同,即地球的自转使我们看到的太阳会因大气层的厚度不同而呈现不同的颜色,早晨和黄昏太阳光在大气层中穿越的距离最远，大气的混浊度也比较高，所以会呈现红色的光线，反之正午时混浊度最低，光线也非常亮、非常白。

一般情况下，白天正午的时候数值为3~5；下午的时候数值为6~9；傍晚的时候数值可以为15~20。另外需要注意的是，阳光冷暖也和其自身与地面的角度有关，越垂直越冷，角度值越小越暖。

（5）ozone（臭氧）：该参数控制着臭氧层的厚度，随着臭氧层变薄，特别是南极和北极地区，到达地面的紫外线辐射越来越多，但臭氧减少和增多对太阳光线的影响甚微，臭氧值较大时，由于吸收了更多的紫外线，墙壁的颜色偏淡，反之，臭氧值较小时，进入的紫外线更多，颜色就会略微深一点。该参数对画面的影响并不是很大。

（6）intensity multiplier（强度倍增）：该参数比较重要，它控制着阳光的强度，数值越大，阳光越强。

（7）size multiplier（尺寸倍增）：该参数可以控制太阳的尺寸大小，太阳尺寸越大，阴影越模糊，使用它可以灵活调节阳光阴影的模糊程度。

（8）shadow subdivs（阴影细分）：阴影的细分值，这个参数在每个VRay灯光中都有，细分值越高，产生阴影的质量就越高。尺寸倍增值越大，相应的阴影细分值就越大，因为当物体边有阴影虚影的时候，细分也就应该越大，不然会有很多噪点，一般时候的数值为6~15。

（9）shadow bias（阴影偏移）：阴影的偏差值。

（10）photon emit radius（光子发射半径）：该项对VR_太阳本身大小进行控制。

8.4.3　VR_天空参数

VR_天空参数卷展栏如图8-11所示。

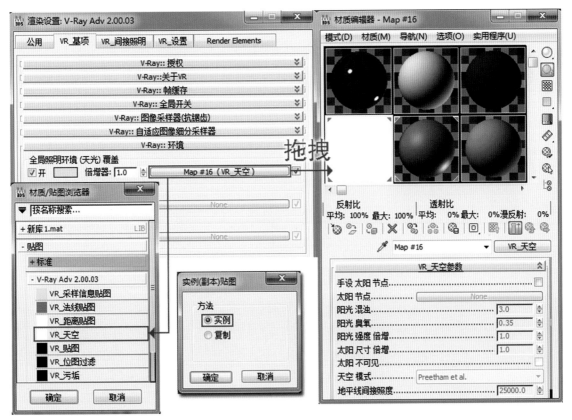

图8-11　VR_天空参数卷展栏

（1）manual sun node（手设太阳节点）：指定阳光，就是将 VR_ 太阳关联到 VR_ 天空中。

（2）sun node（太阳节点）：指定 VR_ 太阳，单击 **None** ，再到场景中选择将要指定的 VR_ 太阳。

【小贴士】

VRay 灯光类型中 VRaylight 在室内模型的渲染中使用率最高。

【思考与能力拓展】

本单元学习了 3ds Max 的 VRay 灯光及参数，具体的灯光使用还需要结合场景模型通过参数设置和调节来得到直观效果，不断积累使用经验。

3ds Max yu V-Ray Shineiwai Xiaoguotu Shili Jiaocheng

第 9 单元
居室空间创建及渲染

9.1 实例制作——客厅场景空间

人们在客厅空间中居留的时间约占人生的三分之一，因此人们对客厅环境的要求越来越高。本案例的客厅通过地砖、背景墙及简单的家具造型给人们创建了一个简约大气的居住空间，色调明快大方，体现了时尚的现代风格特点，如图9-1所示。

图 9-1 客厅场景

9.1.1 CAD建筑平面图纸导入

（1）启动 AutoCAD 软件，打开本例提供的居室平面图，分析其空间的布局，对其进行优化处理。在 CAD 图纸文件上只留墙体线和基本家具的位置布局，另存并为其命名。居室平面图如图 9-2 所示。

（2）打开 Autodesk 3ds Max Design 2012 软件，如图 9-3 所示，对系统单位进行设定。

（3）把 CAD 平面图导入 3ds Max 视图，按照图 9-4 所示进行操作，并勾选相应的选项。

（4）进行 CAD 平面的优化。

①框选平面图，进行群组操作，使它成为一个整体，并将其命名为"平面图"，如图 9-5 所示。

②把平面图的坐标归零，便于后期操作，如图 9-6 所示。

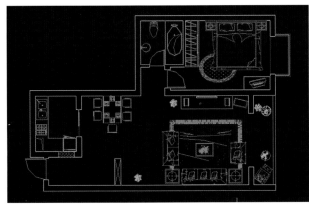

图 9-2　居室平面图

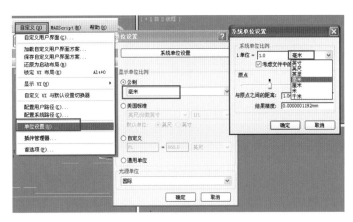

图 9-3　对系统单位进行设定

图 9-4　把 CAD 平面图导入 3ds Max 视图

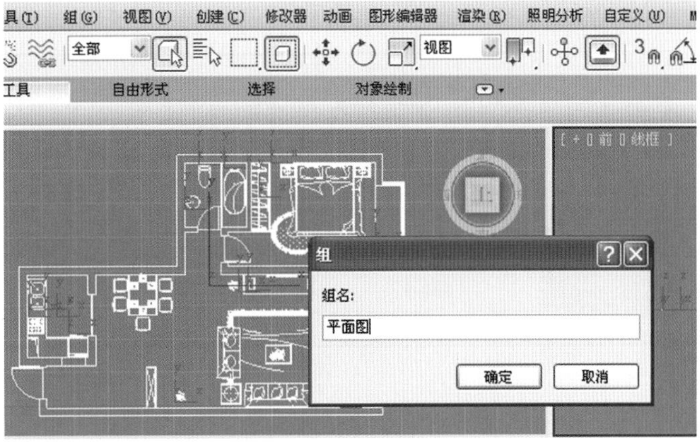

图 9-5　群组操作

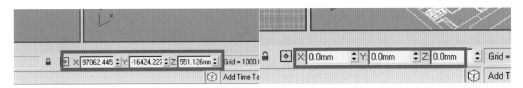

图 9-6　将平面图的坐标归零

【小贴士】

右键单击 X、Y、Z 坐标轴右侧的上下箭头，可以直接清零。

③冻结平面图。单击鼠标右键，在弹出的菜单中选择 Freeze Selection（冻结当前选择），将 CAD 平面图冻结，便于后期操作，如图 9-7 所示。

④冻结对象更改颜色。冻结后的 CAD 平面图，不太好辨认，这是因为冻结物体的颜色和视图的灰色太接近。如图 9-8 所示，把冻结对象更改为黑色。customize（自定义）—customize User Interface（自定义用户）—Colors（颜色）—Geomety（几何体）—Freeze（冻结）—更改右侧的颜色为黑色。

9.1.2　描线创建墙体

（1）在平面图中找到客厅的位置，并对其平面布局进行分析。

单击线（line）按钮，开启 25，选定 Vertex（中心点），对客厅的墙体内轮廓进行描边，如图 9-9 所示。

图 9-7　冻结平面图

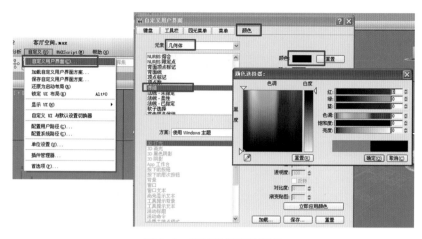

图 9-8　冻结对象更改颜色

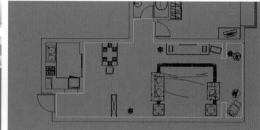

图 9-9　对客厅的墙体内轮廓进行描边

【小贴士】

（1）在 Options（选项）中勾选 Snap to frozen object（捕捉到冻结对象），否则无法选中。

（2）画线时，墙体的所有节点部位，都需要留一个点，防止后续操作中进行加点操作。

（3）描边时，使用【I】快捷键，使鼠标始终位于视图的中心位置。

（2）选中绘制的闭合曲线，进入修改面板，添加 Extrude（挤出）命令，高度值设为 2 700 mm，此高度为房间的净高。

（3）对其添加法线命令，将其法线翻转，使其能看到房间内部。由于系统设置的原因，多数视图不显示，需要进行如图 9-10 所示的操作，这样，房间的内部清晰可见。

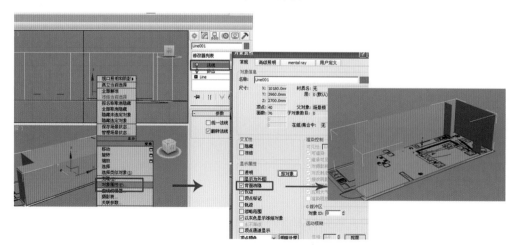

图 9-10　添加法线命令

9.1.3 编辑多边形创建门、窗、垭口

给物体添加 Edit poly（可编辑多边形）命令。

1. 创建门洞

根据 CAD 所示，门的高度为 2 200 mm。

（1）在 Edge（边）层级下选择如图 9–11 所示边线—单击连接后的方形按钮—在弹出的对话框中改变滑动值，设为 –45—单击 OK。

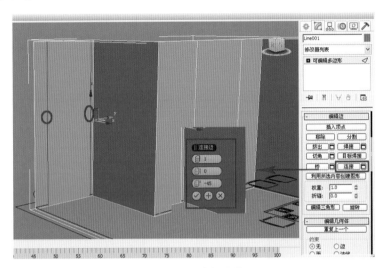

图 9–11　选择边线

（2）进入 Polygon（多边形）层级—选中门洞面—单击挤出右侧的小方块—设置挤出高度值为 –400 mm（数值比较大是防止后期渲染时的漏光现象）—按【Delete】将其删除，创建门洞如图 9–12 所示。

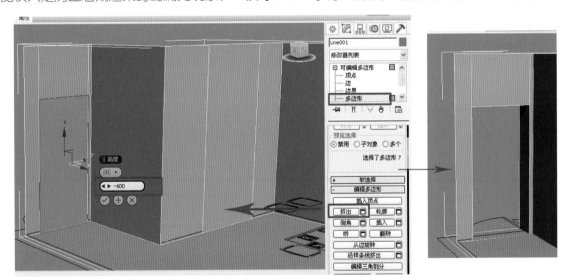

图 9–12　创建门洞

其他位置的门洞依次按照此方法制作。

2. 制作阳台垭口

（1）Edge（边）层级—选择阳台一侧左右两条边线—连接操作。同样方法处理对面一侧，如图 9–13 所示。

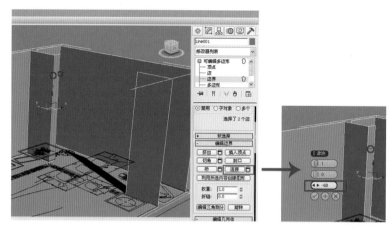

图 9-13   选择边线

（2）选择多边形层级—选择阳台垭口上方的两个面—单击 Bridge（桥）命令—垭口制作完毕，如图 9-14
所示。

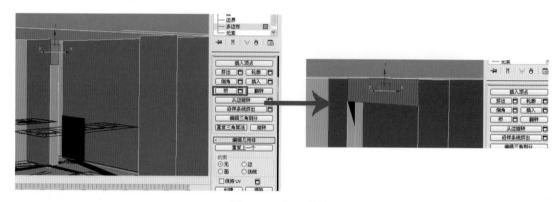

图 9-14   垭口制作

3. 制作阳台窗户

（1）在 Polygon（多边形）层级—顶视图中选中阳台部分的面—单击隐藏未选择的部分（这一步主要为
方便制作阳台窗户），如图 9-15 所示。

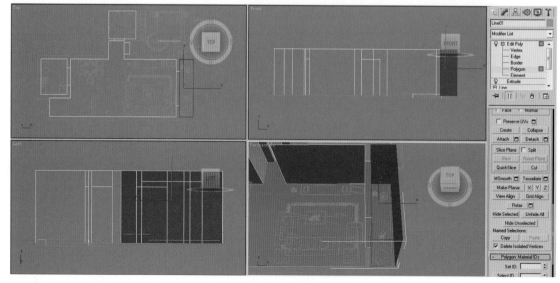

图 9-15   隐藏未选择的部分

（2）做出窗户。在边层级，框选所有竖线，选择连接，参数设置如图 9-16 所示，连接阳台的上下两条边线。

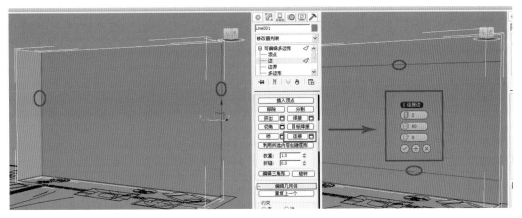

图 9-16　参数设置

（3）挤出窗台。在多边形层级，选中窗户面，挤出 –200 mm 的厚度，做出窗台，如图 9-17 所示。

（4）通过连接命令做出窗框，如图 9-18 所示。

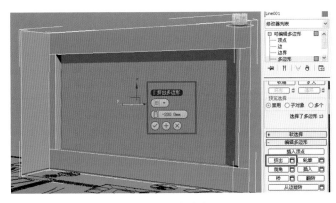

图 9-17　挤出窗台

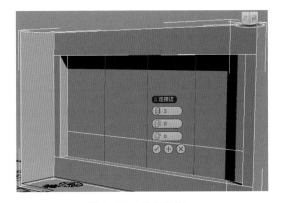

图 9-18　做出窗框

（5）做出窗格。在多边形层级，选中窗洞，单击 Insert（插入）对话框，插入类型为按多边形，设置插入的数值为 30 mm。继续重复该操作，插入数值改为 15 mm。按【Delete】键进行删除，阳台窗格制作完毕，如图 9-19 所示。

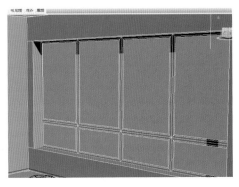

图 9-19　做出窗格

（6）在多边形中，找到全部取消隐藏，显示其他面。

4．制作门套

单击 line（线）工具，开启 按钮，在左视图中进行门轮廓的描边操作，在线层级下，输入轮廓值为

–50 mm，添加挤出，数值为 20 mm，如图 9-20 所示。

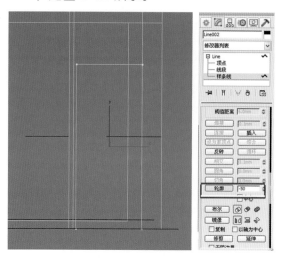

图 9-20　制作门套

垭口的包口制作方法与门套相同。

9.1.4　踢脚线及吊顶的制作

1.　踢脚线的制作

（1）绘制踢脚线轮廓。单击线按钮，开启 25 按钮，对客厅的墙体内轮廓进行描线（和墙体绘制方法一致）。

（2）在 中选择线段层级，选中门口和垭口部分线段，其为红色显示，按【Delete】键删除，如图 9-21 所示。

（3）单击线层级，在下拉菜单中，输入轮廓数值 –10 mm，得到双线，如图 9-22 所示。

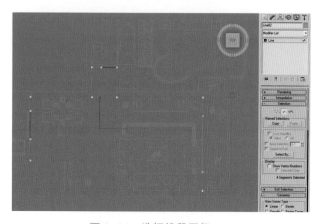

图 9-21　选择线段层级

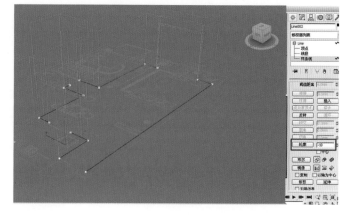

图 9-22　双线

（4）为其添加挤出命令，挤出高度值为 80 mm。至此，踢脚线制作完成。

2.　制作房间的吊顶

（1）绘制平面，开启 25 分离顶面。在多边形层级，选择顶面，按住【Shift】键，移动复制一个顶面，移动到原顶面下方 120 mm 处，单击 Detach（分离）按钮，使顶面与房间分离，命名为"吊顶"，如图 9-23 所示。

（2）选中该平面，在多边形层级，删除客厅以外的面。

（3）在边层级，单击 Insert Vertex（插入顶点），在下方边缘线上加入两个点，单击创建命令，完成创建线，如图 9-24 所示。

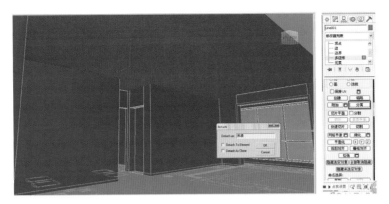

图 9-23　绘制平面

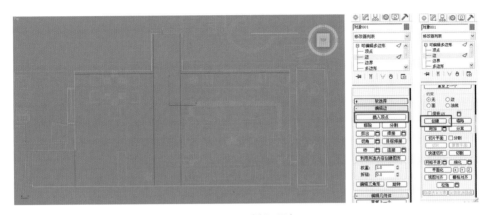

图 9-24　插入顶点

（4）在多边形层级，选中客厅上方的顶面，单击 Insert（插入）命令，设置 Insert Amount（插入值）为 1200 mm，如图 9-25 所示。

（5）选中该面，单击挤出，设置挤出高度值为 –60 mm，如图 9-26 所示。

（6）进入边层级，选中过道的两条边线，单击连接，创建横向线，对横向线进行切角，设置切角值为 100 mm，如图 9-27 所示。

（7）挤出灯槽，设置挤出高度值为 –40 mm，如图 9-28 所示。

（8）餐厅吊顶的制作方法同客厅吊顶的制作方法。

（9）进入边界层级，选择面上的边缘线，通过【Shift】键移动复制，做出吊顶厚度，如图 9-29 所示。

至此，吊顶制作完毕。

图 9-25　插入命令

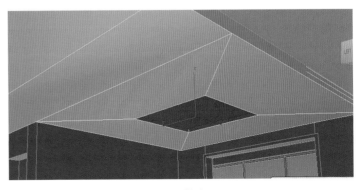

图 9-26　挤出

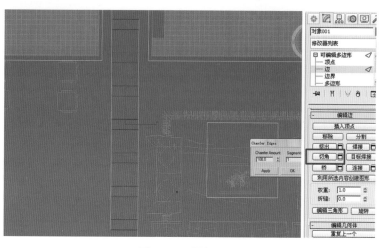

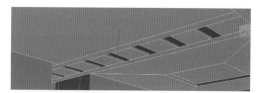

图 9-28 挤出灯槽

图 9-27 切角

图 9-29 做出吊顶厚度

9.1.5 制作简易背景墙

（1）根据 CAD 图纸，找到客厅的背景墙的位置。在边层级，选择背景墙的两条竖线，连接出 5 条横线，如图 9-30 所示。

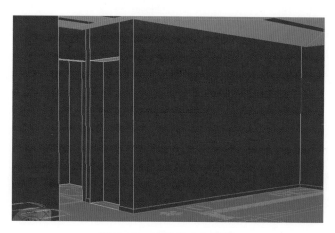

图 9-30 连接出 5 条横线

（2）选中 5 条横线，进行切角，设置边切角值为 5 mm，形成双线，如图 9-31 所示。

（3）创建背景墙凹槽，选择如图 9-32 所示的面，设置挤出高度值为 −8 mm。至此，简易背景墙制作完毕。

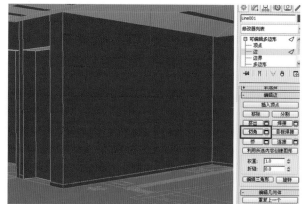

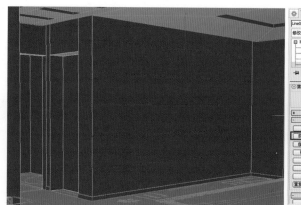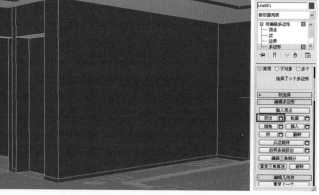

图 9-31 切角

图 9-32 创建背景墙凹槽

9.1.6　分离多边形的面

（1）分离地面。方法同分离吊顶（分离成独立的面，是为了赋予不同的材质）。

（2）分离背景墙。

（3）指定渲染器，此处不再赘述。

9.1.7　对分离面赋予材质

1.　对地面赋予地砖材质

（1）使用 VRayMtl 对地面进行地砖赋予。

（2）为其添加 UVW 坐标，使用默认的 Plane（平面）形式，设置长宽值为 800 mm×800 mm。图 9-33 所示为赋予贴图后的效果。

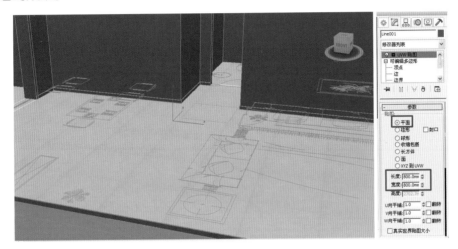

图 9-33　赋予贴图后的效果

2.　对背景墙赋予木纹材质

赋予木纹材质后的效果如图 9-34 所示。

图 9-34　赋予木纹材质后的效果

9.1.8　创建及合并室内模型

1.　合并室内模型

如图 9-35 所示为导入门步骤，对位置及大小进行合适调整，其他模型导入方法相同。

2. 制作窗外背景物体

使用 Arc（弧）在顶视图窗外绘制圆弧，添加挤出命令，高度应超出房间空间高度，如图 9-36 所示。

图 9-35　导入门步骤

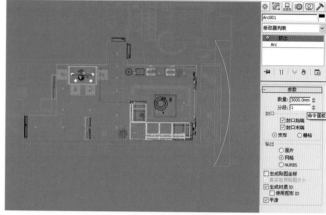

图 9-36　制作窗外背景物体

3. 导入全部模型

导入全部模型后的效果如图 9-37 所示。

图 9-37　导入全部模型后的效果

9.1.9　创建室内灯光

1. 筒灯的创建与设置

（1）在前视图中创建 目标灯光 ，放置在筒灯模型下方，如图 9-38 所示。

【小贴士】

目标点光源不要放在灯槽内，并通过关联复制出其他筒灯。

（2）如图 9-39 所示，设置灯光参数，并选择配套光盘提供的光域网。

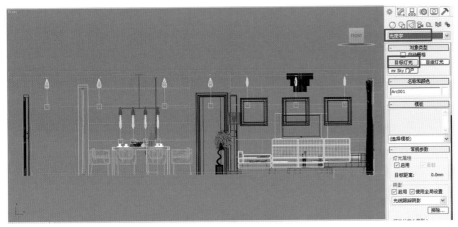

图 9-38　创建目标灯光　　　　　　　　　　　图 9-39　设置灯光参数

2. 暗藏灯带的创建与设置

在顶视图中创建 VR_光源，放置在预留灯槽位置，并调整尺寸，方向朝下。暗藏灯带的参数设置如图 9-40 所示。

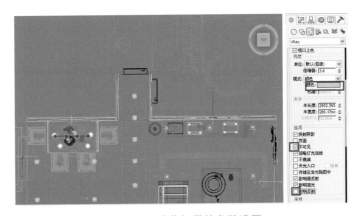

图 9-40　暗藏灯带的参数设置

3. 创建 VR_光源 作为室外光源

使用两个 VR_光源 来模拟室外天空光，放在前后位置，如图 9-41 所示。至此，灯光设置完毕。

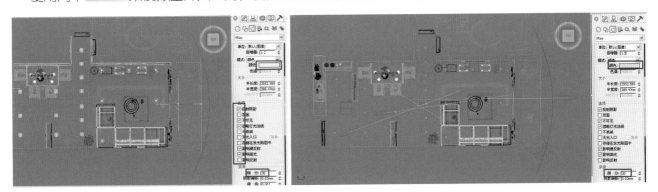

图 9-41　室外光源设置

9.1.10　创建摄影机

创建多个目标摄影机，表现不同的空间角度，如图 9-42 所示。

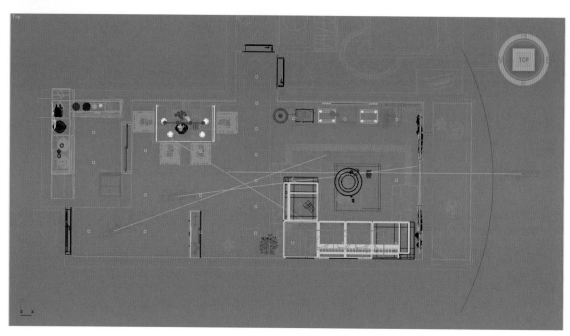

图 9-42　创建多个目标摄影机

【小贴士】

在设置摄影机时一般遵循的原则是尽量表现空间内容，摄影机高度设置符合构图美，一般为900 mm。

9.1.11　初步调节场景材质（具体操作参考第 7 单元）

1. 窗帘布艺材质

（1）窗帘布艺材质的效果图如图 9-43 所示。

（2）窗帘布艺材质的参数设置如图 9-44 所示。

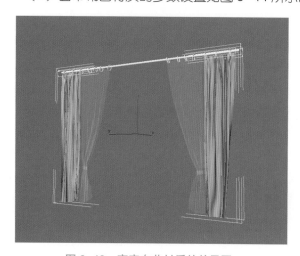

图 9-43　窗帘布艺材质的效果图

图 9-44　窗帘布艺材质的参数设置

2. 不锈钢窗帘杆材质

不锈钢窗帘杆材质的参数设置如图 9-45 所示。

3. 电视柜仿实木材质和 DVD 表面塑料材质

电视柜仿实木材质和 DVD 表面塑料材质的参数设置如图 9-46 所示。

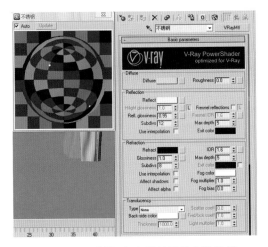

图 9-45　不锈钢窗帘杆材质的参数设置

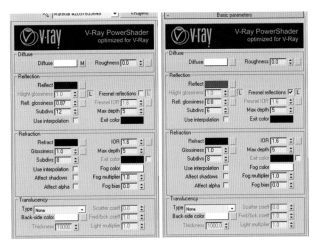

图 9-46　电视柜仿实木材质和 DVD 表面塑料材质的参数设置

4. 书籍材质

书籍材质的参数设置如图 9-47 所示。

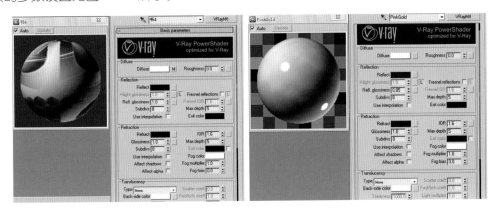

图 9-47　书籍材质的参数设置

5. 白陶材质

白陶材质的参数设置如图 9-48 所示。

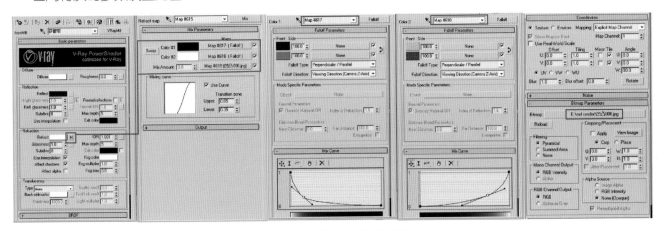

图 9-48　白陶材质的参数设置

6. 布艺沙发材质

（1）布艺沙发材质的参数设置如图 9-49 所示。

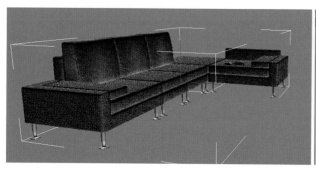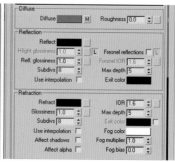

图 9-49　布艺沙发材质的参数设置

（2）沙发腿不锈钢材质的参数设置可参考不锈钢窗帘杆的参数设置。

7. 餐桌椅材质

（1）餐桌材质的参数设置可参考电视柜仿实木材质的参数设置。餐椅材质的参数设置可参考布艺沙发材质的参数设置。

（2）透明玻璃水杯材质的参数设置如图 9-50 所示。

（3）西瓜多维材质的参数设置如图 9-51 所示。

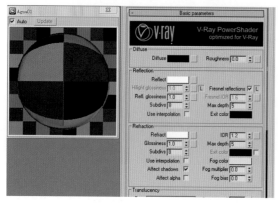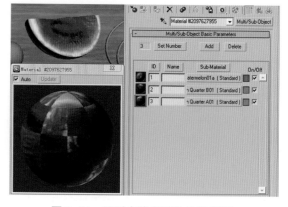

图 9-50　透明玻璃水杯材质的参数设置　　　　　图 9-51　西瓜多维材质的参数设置

8. 推拉门中的热熔玻璃材质

推拉门中的热熔玻璃材质的参数设置如图 9-52 所示。

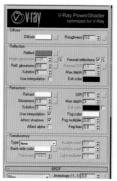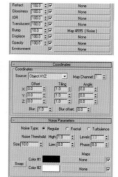

图 9-52　推拉门中的热熔玻璃材质的参数设置

9.1.12　测试阶段渲染面板的设置

测试阶段渲染面板的设置包括如下内容。

（1）测试阶段设置渲染窗口的大小。

（2）设置图像采样器选项。

（3）间接照明选项设定如图9-53所示。

（4）设置颜色映射选项。

对灯光反复测试之后，如果对场景的亮度不满意，就需要通过调节颜色映射来调整场景的曝光情况，如图9-54所示。

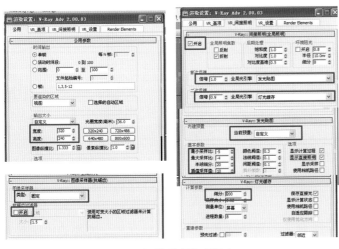

图9-53　间接照明选项设定

图9-54　设置颜色映射选项

【小贴士】

（1）提高场景亮度最直接的方法是提高首次反弹的值，但是值太高会出现画面曝光现象，太低则起不到提高场景亮度的作用，这时就需要用颜色映射选项。

（2）颜色映射是控制曝光的选项，也可对场景亮度进行调节。渲染器新增的Reinhard类型兼具了线性曝光和指数曝光的优点。其倍增值为0～1。1表示线性曝光；0表示指数曝光，0.5表示其中间的数值。优点是能使场景层次感加强，提高渲染效率。

（5）经过反复调整之后，渲染效果如图9-55所示。

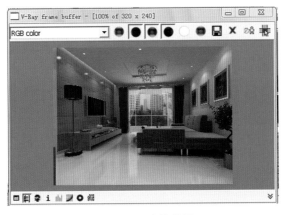

图9-55　渲染效果

9.1.13 最终渲染参数设置

灯光和材质细化完成后，保存光子图，分别保存发光贴图和灯光缓存的光子文件（具体操作参考卧室渲染）。如图 9-56 所示，继续设置出图参数，优化环境，渲染成图。

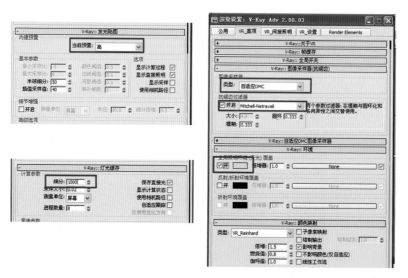

图 9-56 最终渲染出图参数设置

【小贴士】

为使场景更真实，勾选环境颜色，并适当进行提高。这样就加强了场景内有反射光泽的物体对室外光线的反射，使其更逼真。

9.1.14 批量渲染的设置

批量渲染的设置如下。

（1）在同一空间设置多个不同角度的摄影机，可以通过批处理的方式同时进行渲染。步骤：渲染菜单→批处理（Batch Render）→添加→输出路径保存图片→选择相应的摄影机 Camera01。

（2）其他视图按同样的方法设置，渲染出的图片会自动保存在路径文件夹里。批量渲染参数设置如图 9-57 所示。

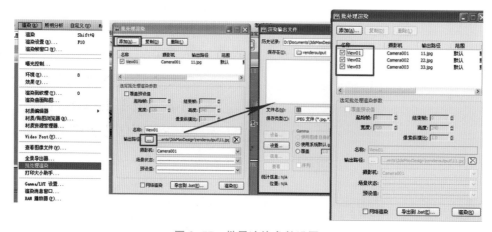

图 9-57 批量渲染参数设置

【思考与能力拓展——用目标点光源模拟太阳光渲染的方法】

本节介绍了日景空间的布光设置和渲染出图流程。在本单元中，运用了天空光和人工光源相结合的手法，来创造进深较大的空间效果，请思考用目标点光源来模拟太阳光渲染的方法。

9.2　实例制作——夜景卧室效果图制作

卧室在家居空间中是一个相对封闭的空间，也是一个具有隐秘性的空间，因此在空间结构的三维制作上相对于其他的空间来说较简单一些。本节我们将通过卧室的制作实例来学习简单夜景室内效果图的制作。

9.2.1　创建墙体

创作墙体的步骤如下。

（1）使用上一节中导入 CAD 建筑平面图纸的步骤将平面图导入。

（2）使用描线的方法沿卧室内墙边缘进行描线操作，创建墙体，如图 9-58 所示。

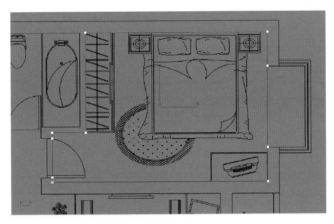

图 9-58　描线

（3）进行挤出操作，创建出高 2700 mm 的墙体。

9.2.2　编辑多边形创建门窗

编辑多边形创建门窗的方法同客厅，此处不再介绍。

9.2.3　艺术门窗套及踢脚线制作

1. 制作艺术踢脚线

（1）在 项目中，选择 Section（截面），在顶视图中拖拽出黄色范围框，将卧室置于其内。将 Z 轴设定为 100 mm，单击项目中的 Create Shape（创建图形），并命名为"踢脚线"，将范围框删除。踢脚线效果如图 9-59 所示。

（2）选择踢脚线，在中，将门口处线段删除。

（3）在侧视图中用二维线绘制并编辑顶点画出如图 9-60 所示的踢脚线剖面。

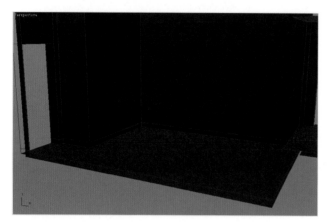

图 9-59　踢脚线效果

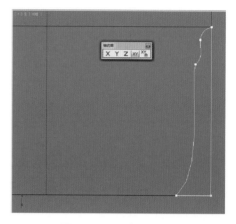

图 9-60　踢脚线剖面

【小贴士】

注意检查整条踢脚线是否有节点中断，如果有，选择邻近的两断点，增大顶点（Vertex）层级中焊接（Weld）参数值后单击按钮进行焊接。

（4）添加 Bevel Profile（倒角剖面）命令，单击 Pick Profile（拾取剖面）并在视图中单击剖面图形，将生成的模型移动对齐到指定位置，完成踢脚线的制作，如图 9-61 所示。

【小贴士】

如果发现生成的踢脚线模型法线不正确，可通过激活 Profile Gizmo（剖面范围框）旋转法线来修正，如图 9-62 所示。

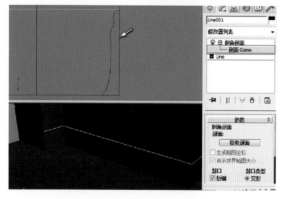

图 9-61　完成踢脚线的制作

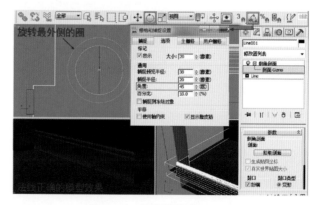

图 9-62　踢脚线的修正

（5）选择修改面板中的 Cap Holes（补洞）命令将踢脚线两端开口封闭。

2.　制作艺术门窗套

（1）打开，用二维线在右视图中沿门的边缘描线，如图 9-63（a）所示。

（2）在顶视图中，使用二维线绘制出门套造型线，如图 9-63（b）所示。

（3）选择门的描线，在 🖊 中添加倒角剖面命令，单击拾取剖面按钮后在视图中单击剖面造型线，如图 9-64 所示。

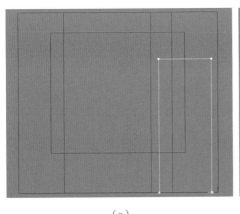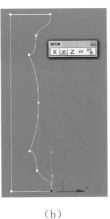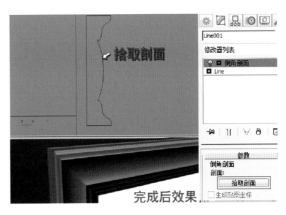

（a）　　　　　　　（b）

图 9-63　门的边缘描线与门套造型线　　　　　　　图 9-64　拾取剖面操作

（4）将门套转为可编辑多边形，选择顶点，配合 📷 对齐门垭口边缘，如图 9-65 所示。

（5）将门口面分离，将其与门套造型附加结合在一起，如图 9-66 所示。

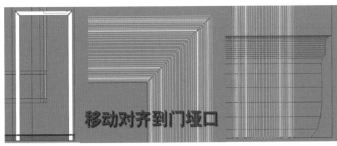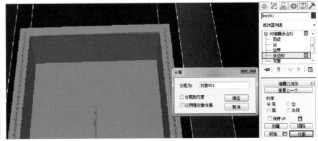

图 9-65　移动对齐到门垭口的操作　　　　　　　图 9-66　门口面与门套造型附加结合

3. 制作窗套造型

（1）打开 📷，在左视图中沿窗口边缘绘制出矩形。通过倒角剖面获取剖面造型，对齐到窗口位置。

（2）将窗口内的多边形面分离与窗套造型附加结合形成飘窗口内造型，如图 9-67 所示。

4. 导入实木门模型

导入实木门模型并移动对齐到门套位置，如图 9-68 所示。

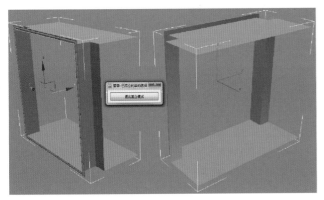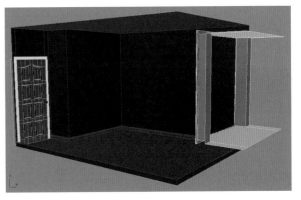

图 9-67　飘窗口内造型　　　　　　　图 9-68　导入实木门模型

5. 制作塑钢窗模型

（1）打开 ，用线在顶视图中沿飘窗边缘绘制出二维图形，如图 9-69 所示。

（2）使用轮廓制作塑钢窗厚度，如图 9-70 所示。

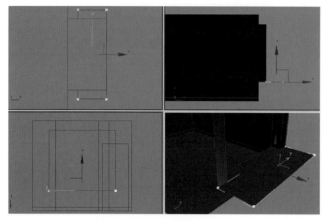

图 9-69　描飘窗框线

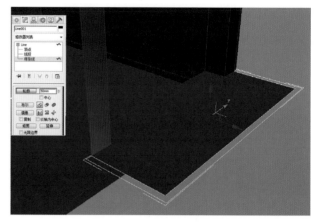

图 9-70　塑钢窗轮廓操作

（3）挤压制作塑钢窗模型，如图 9-71 所示。

（4）将挤压出的窗体孤立显示并转换为可编辑多边形，选择纵向所有边执行连接命令，塑钢窗参数设置如图 9-72 所示。

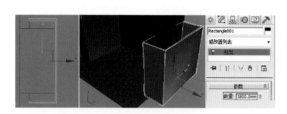

图 9-71　塑钢窗挤压操作

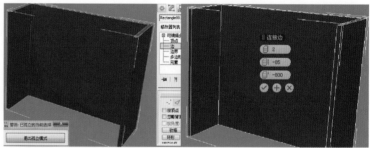

图 9-72　塑钢窗参数设置

（5）如图 9-73 所示，依次选择位于中部、左侧、右侧纵向上的边，执行连接命令并设置参数，在顶视图中将顶点移动对齐到指定位置。

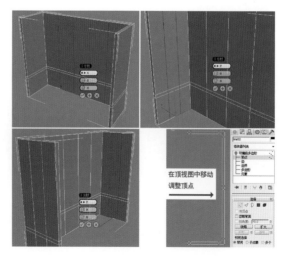

图 9-73　执行连接命令并设置参数

【小贴士】

制作中需要对顶点位置进行精确定位时，可通过在 图标上单击鼠标右键，在弹出面板中设定参数或通过创建二维图形的矩形配合 进行对齐。

（6）如图 9-74 所示，选择窗框 后单击切片平面，将黄色框垂直移动到顶部，单击切片按钮。同法做出底部切片。

（7）如图 9-75 所示，选择窗框 ，配合【Ctrl】键选择内部多边形面，单击挤出并设定数值。同法将窗框体外部多边形面向内挤出 20 mm。

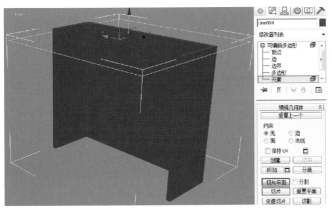

图 9-74　切片操作

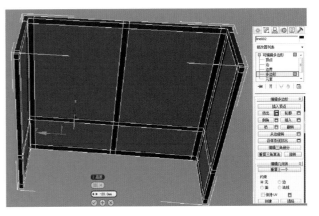

图 9-75　挤出玻璃

（8）将所有作为玻璃的面进行分离，命名为"窗玻璃"并保存。

（9）至此卧室空间模型基本建立。快速渲染检查局部细节，发现踢脚线与门套相交错，需修改。选踢脚线模型，在 中通过移动顶点到指定位置，如图 9-76 和图 9-77 所示。

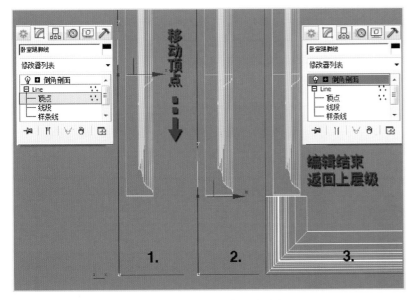

图 9-76　踢脚线与门套移动对齐

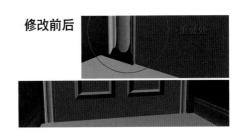

图 9-77　踢脚线与门套对齐前后

（10）选择卧室空间模型，选择地面将其分离，命名为"地板"并保存。

（11）至此卧室的空间模型建立完成，如图 9-78 所示。

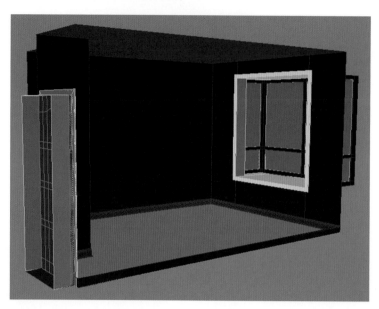

图 9-78　卧室的空间模型

9.2.4　创建及合并室内模型

1. 合并室内模型

将配套的模型合并到卧室空间当中，对位置进行必要调整。

2. 选择踢脚线

在 🖊️ 中选择 ✏️，将入墙式衣柜后被遮挡的部分线段删除，然后在 ⋯ 中将位于衣柜侧面的踢脚线顶点移动至衣柜边缘，如图 9-79 所示。

3. 制作窗外背景物体

使用二维图形弧命令在顶视图飘窗外绘制弧，使用挤出将弧挤出，高度应超出卧室空间高度，命名为"卧室外景"，如图 9-80 所示。

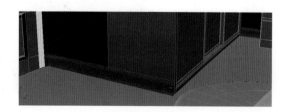

图 9-79　选择踢脚线

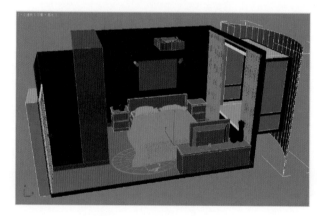

图 9-80　外景制作

【小贴士】

注意挤出弧法线是否正确，使用法线命令翻转法线。

9.2.5　设置 V-Ray 渲染器测试渲染器参数

（1）基项设置。

（2）如图 9-81 所示，在项目中设定图像输出尺寸。

（3）如图 9-82 所示，取消默认灯光并设置场景替代材质（用于测试灯光照明效果），单击 Override Exclude（替代排除）按钮，将窗帘、窗玻璃、卧室外景、灯罩排除替代。

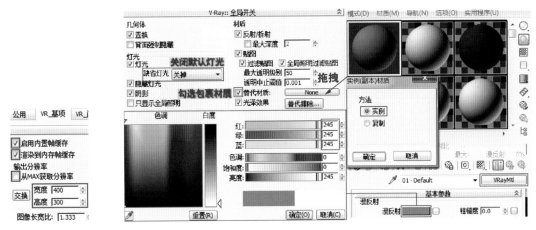

图 9-81　图像输出尺寸　　　　　　　图 9-82　取消默认灯光并设置场景替代材质

（4）设置图像采样器选项，如图 9-83 所示。

（5）设置间接照明选项，勾选✓，首次反弹引擎为发光贴图；二次反弹引擎为灯光缓存。将发光贴图选项如图 9-83 所示进行设置；将灯光缓存选项中的细分值设置为 100。

图 9-83　设置图像采样器选项及间接照明选项

（6）环境项设定如图 9-84 所示。

（7）系统项设定如图 9-85 所示。

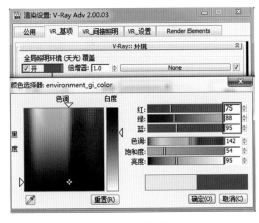
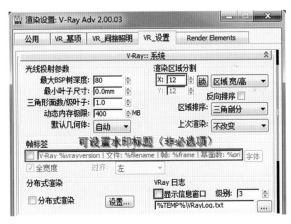

图 9-84　环境项设定　　　　　　　　　图 9-85　系统项设定

9.2.6　创建场景摄影机

单击图，选择 Target（目标），在顶视图中创建如图 9-86 和图 9-87 所示的摄影机，并调整相应的摄影机视角。

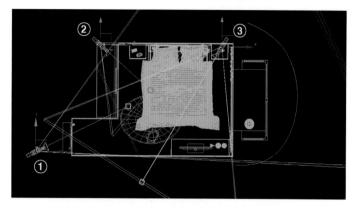

图 9-86　创建摄影机 1

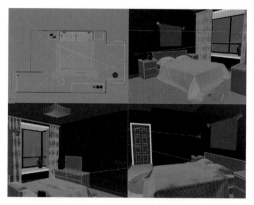

图 9-87　创建摄影机 2

【小贴士】

注意选取具有一定表现力的视角，为了获得较好的视角可使用修改面板中的视角剪切，或在需要时延伸地面和隐藏部分墙体。

9.2.7　设置室外环境贴图、窗玻璃、窗帘、灯罩

（1）在材质编辑器中选择一材质球，将其指定为 VRayMtl，引入本节教材提供的"卧室外景"图片并将其赋予外景物体，如图 9-88 所示。

（2）选择一材质球，指定为 VRayMtl，命名为"窗玻璃"并将其赋予窗玻璃物体，如图 9-88 所示。

（3）选择一材质球，将其指定为 VRayMtl，命名为"窗帘"并将其赋予窗帘物体，如图 9-88 所示。

（4）选择一材质球，将其指定为 VRayMtl，命名为"灯罩"并将其赋予灯罩物体，如图 9-89 所示。

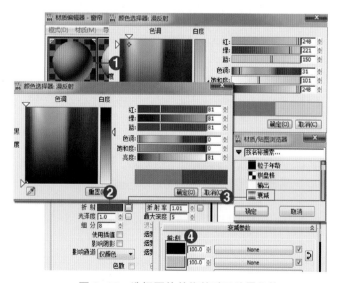

图 9-88　选择图片并将其赋予外景物体

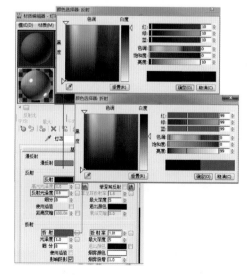

图 9-89　命名为灯罩并将其赋予灯罩物体

9.2.8　设置夜间光源

1.　月光设定

在◆中单击 VR_ 太阳，在顶视图中建立 VR_ 太阳，移动调整到指定位置。如图 9-90 所示，在修改面板中将亮度降低，单击排除按钮，将卧室外景和窗玻璃排除照明影响。

2.　天花主灯设定

单击◆中的 VR_ 光源，在顶视图中的天花主灯内建立四个 VR_ 光源，移动调整到指定位置。如图 9-91 所示，在◆中设置灯光参数，注意灯的冷色倾向。

图 9-90　月光设定

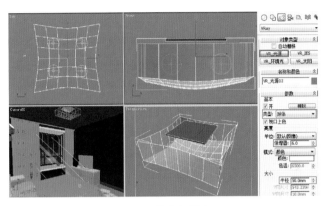

图 9-91　天花主灯设定

3.　射灯设定

在◆中点击▼，选择光度学类型，单击目标灯光，选择本例提供的光域网文件，在前视图中的射灯位置建立两盏射灯，在修改面板中修改相关参数，如图 9-92 所示。

4.　补光设定

如图 9-93 所示，在场景中相应位置创建两个 VR_ 光源补光。

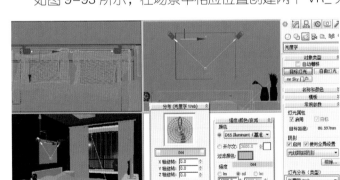

图 9-92　射灯设定

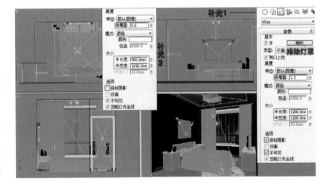

图 9-93　补光设定

9.2.9　渲染观测

渲染观测的步骤如下。

（1）渲染摄影机视图进行观察，灯光效果基本符合要求，天花主灯与射灯亮度现在稍显强烈，待主要材质赋予后再进行观测调整，如图 9-94 所示。

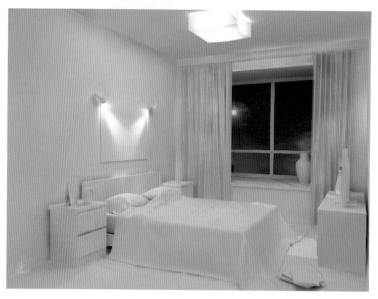

图 9-94　渲染观测

（2）取消全局开关选项中场景替代材质与替代排除按钮前的☑。

【小贴士】

　　替代材质的设置是为了设置灯光时能够更好地对照明亮度进行观察，灯光设置完成后可取消场景整体的替代材质。

9.2.10　主要材质赋予

1. 乳胶漆墙面材质设定

在材质编辑器中选择一材质球，将其指定为 VRayMtl，调节其参数并将其赋予墙面物体，如图 9-95 所示。

2. 磨砂木地板材质设定

在材质编辑器中选一材质球，选择 ■ VR_覆盖材质 类型，将其中的基本材质按图 9-96 所示进行参数设置；为全局光材质项指定 VRayMtl，在其漫反射颜色项目中设定需要的地板色溢色彩为默认色。

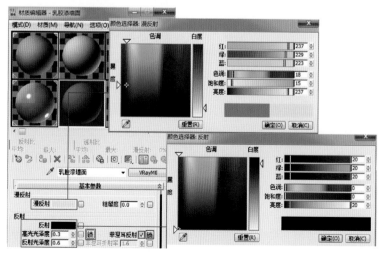

图 9-95　乳胶漆墙面材质设定

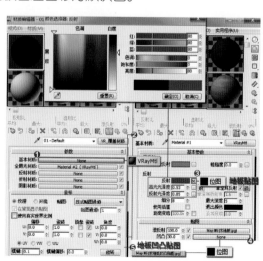

图 9-96　磨砂木地板材质设定

【小贴士】

　　关于色溢控制，在现实世界里，物体的表面色彩受到光线的照射会相互影响，这种现象称为色溢。
V-Ray 中的材质色彩，像本节中的地板对墙面等会产生过强的色溢。可通过 ■VR_覆盖材质 中的全局光材质
项指定 VRayMtl 的漫反射颜色来指定反弹到墙面其他物体的色溢颜色。

3. 电视机材质设定

　　在材质编辑器中选择材质球，将其指定为 ■多维/子对象 材质，设置数量值为 3，根据需要分别设置子材质参
数，电视 "Haier" 标志另赋予金属材质。选择电视模型，将其组暂时打开，将每个子材质赋予相应的部分后
关闭组（参数设置参见前文单元的相关部分）。

【小贴士】

　　电视机荧屏应赋予发光材质。

4. 制作电视荧屏发光效果

　　在 ◁ 中选 VR_ 光源，在前视图的电视荧屏处建立与其大小相近的面光源，移到荧屏前，将亮度值设为 3.5，
颜色为冷色倾向。电视机测试渲染效果如图 9-97 所示。

图 9-97　电视机测试渲染效果

【小贴士】

　　电视荧屏贴图显示不正确时，需要为其添加 UVW 贴图命令进行校正。

5. 床罩、枕头材质的设定

　　在材质编辑器中选择材质球，在漫反射通道中添加一张为本节准备的 "床罩" 贴图，调节相应参数，将其
分别赋予物体（参数设置参见第 7 单元的相关部分）。床罩测试渲染效果如图 9-98 所示。

6. 地毯材质设定

　　在材质编辑器中选择一材质球，将漫反射颜色调为浅粉色，设置相应参数后赋予地毯模型。

7. 使用 VR_ 毛发命令

　　单击 ○ 项目中的 ▼，选择 VRayFur（毛发）命令，如图 9-99 所示，调整相应参数。

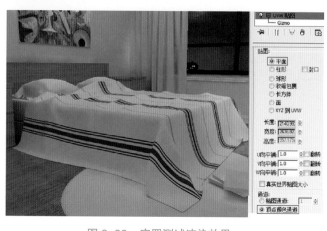

图 9-98　床罩测试渲染效果

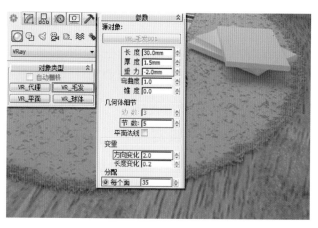

图 9-99　地毯测试渲染效果

8. 其他材质设定

如图 9-100 所示，根据已学到的材料设置方法将其他未设定材质的模型赋予相应的材质。

9. 通过整体场景的测试渲染观察

对灯光亮度、贴图设置进行微调并再次测试。提高主要材质（如墙面、地板、窗帘、床罩等）的细分；提高灯光细分，为精细参数计算渲染做准备。整体测试渲染效果如图 9-101 所示。

图 9-100　其他材质测试渲染效果

图 9-101　整体测试渲染效果

10. 保存文件

将场景文件保存为 Archive（归档）文件类型。

【小贴士】

保存为归档文件类型，可将文件中所有的数据存在一个压缩文件内，包含了模型、材质贴图、光域网等。

9.2.11　设置保存光子图运算参数并渲染

具体设置步骤及参数请参照前面章节，此节省略。

9.2.12　最终渲染参数设置

具体设置步骤及参数请参照前面章节，此节省略。

9.2.13　使用 Photoshop 进行后期图像处理

（1）批处理渲染结束后，效果图文件被保存在指定的文件夹内。观察效果图（见图 9-102 和图 9-103）可以发现存在一些需要修饰的地方，如对比度、色度、一些模型结构问题等，这些问题可以通过使用图像处理软件 Photoshop 来解决。

图 9-102　卧室效果图 1

图 9-103　卧室效果图 2

（2）打开 Photoshop 软件，使用相应的编辑工具对图像进行处理。

①使用套索工具配合【Shift】键将窗口区域选择，执行图像→调整 →曲线命令适当降低亮度。

②保持选取状态，执行图像→调整 →色相 / 饱和度命令，适当降低饱和度。

③以同样的方法整体降低图像亮度和饱和度。

④使用　套索工具将画面左下角的踢脚线选取并复制粘贴到缺损处，适当缩放放置后适当调整色相 / 饱和度。

⑤使用　将床头柜和电视柜暗部区域选出，适当羽化后用　加深工具，范围项选择阴影，曝光度选 30％左右，对需要加深的暗部进行加深处理。

⑥使用　仿制图章工具将床罩上的地毯杂点去除。

⑦使用上述方法，其他两幅效果图可酌情加以处理。修正后的效果图如图 9-104 所示。

图 9-104　修正后的效果图

【小贴士】

（1）一些效果图存在的问题完全可以在渲染前解决，例如外景的图片选取、踢脚线的延长等。

（2）为方便效果图的后期处理可以在渲染阶段使用材质通道生成插件（网络下载），它可根据场景中的不同材质生成相应的通道，便于后期在 Photoshop 软件中进行更为便利的处理。

【思考与能力拓展】

通过本节内容的，我们对夜景渲染的方法有了一定认识。与日景不同，夜景室内空间中更多的是对于人工照明效果的表现，照明强度也与日景有较大的不同。

9.3　实例制作——厨房场景空间

厨房在家庭生活中具有非常重要的作用。那么，现代住宅室内设计应为厨房创造一个洁净明亮、操作方便的环境，在视觉上给人以井井有条、愉悦明快的感受。

本案例的厨房空间通过地砖、墙砖以及白色橱柜创建了一个简单明亮的操作环境。色调明快，采用黑白两色作为家具的主要色彩，创建了鲜明的后现代风格特点，如图 9-105 所示。

图 9-105　厨房场景

9.3.1　建模阶段

（1）对厨房小空间进行单独建模，方法同客厅建模。

（2）选中推拉门一侧的面，按【Delete】键进行删除，如图 9-106 所示。

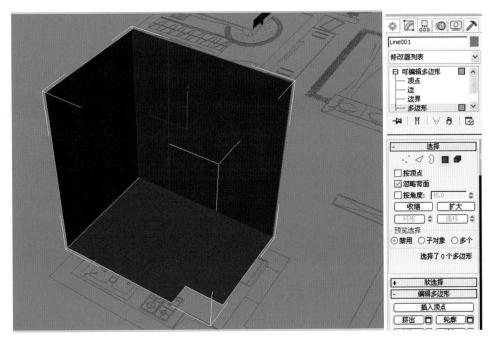

图 9-106　建模

（3）分离顶面和地面。

9.3.2　对分离面赋予材质

1. 指定渲染器，对地面赋予材质

（1）对地面赋予 VRayMtl，为其添加地砖贴图。

（2）为其添加 UVW 坐标，如图 9-107 所示。

（3）进入材质编辑器，地砖材质参数设置如图 9-108 所示。

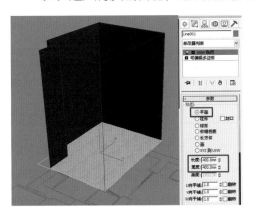

图 9-107　添加 UVW 坐标的参数设置

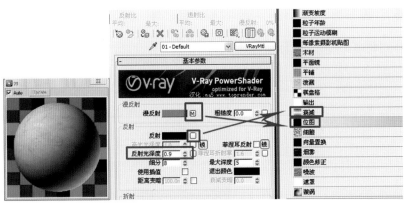

图 9-108　地砖材质参数设置

（4）更改衰减贴图的类型为菲涅耳，并通过更改 Mix Curve（混合曲线）来调节反射强度，如图 9-109 所示。

2. 对墙面赋予墙砖材质

（1）添加 UVW 坐标，如图 9-110 所示。

（2）为墙面砖设置参数（方法同地砖）。

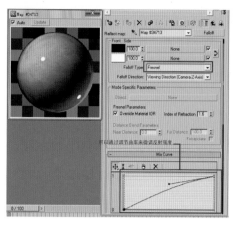

图 9-109　调节反射强度

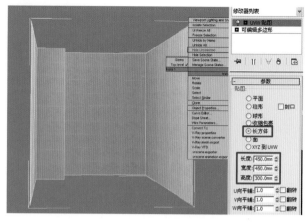

图 9-110　添加 UVW 坐标的参数设置

9.3.3　创建及合并室内模型

创建及合并室内模型的效果如图 9-111 所示。

图 9-111　创建及合并室内模型的效果

9.3.4　创建场景摄影机

单击 🖼，选择 [　目标　]，在顶视图中创建场景摄影机，如图 9-112 所示。

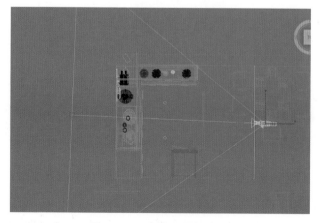

图 9-112　创建场景摄影机

9.3.5　初步调节场景材质

厨房空间的材质比较单一，多为油漆、金属等常见材质，此处不再赘述，请参考其他案例中的材质设置。

9.3.6　创建室内灯光

（1）布光思路：场景中的灯光类型比较单一，本案例利用 `VR_光源` 来模拟橱柜的装饰照明效果，起到空间补光和装饰灯的作用；利用 `目标灯光` 作为空间主灯，模拟吸顶灯照明效果；用 `VR_光源` 模拟室外的天空光效果。

（2）在 面板中单击 `VR_光源`，在顶视图中的橱柜上方建立面光源，面光源参数设置如图 9-113 所示。

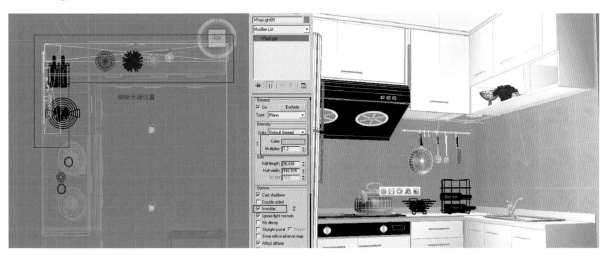

图 9-113　面光源参数设置

（3）在橱柜格内创建一盏 `VR_光源`，参数设置同上。

（4）在空间顶面创建一盏 `VR_光源`，作为室内整体补光。参数设置同上，倍增值设为 0.2，颜色为冷色。

（5）射灯设定。在 面板中点击 ，选择 Photometric（光度学）类型，单击 `目标灯光`，选择本例提供的光域网文件，在前视图中的射灯位置建立两盏射灯，模拟吸顶灯的效果。射灯设定如图 9-114 所示，颜色为暖色。

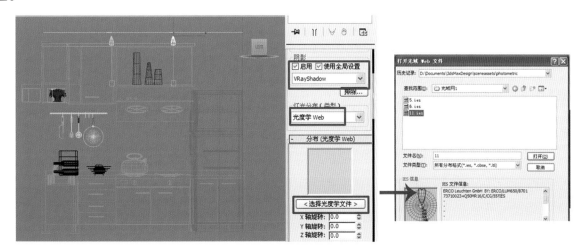

图 9-114　射灯设定

（6）在抽油烟机下方灯源处设置 `目标灯光`，设置方法同上。

（7）在门口创建一盏 `VR_光源`，作为侧面补光，模拟天空光效果，为冷色调，如图 9-115 所示。

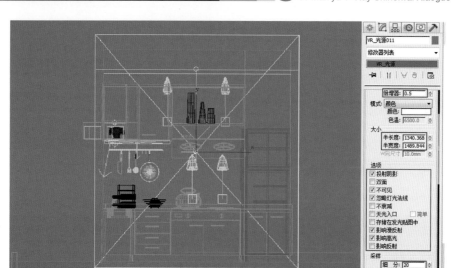

图 9-115   侧面补光参数设置

9.3.7   测试渲染阶段参数设置

(1)打开 V-Ray 自带的渲染帧窗口,在项目中设定图像输出尺寸,如图 9-116 所示。

【小贴士】

> 如果开启 V-Ray 自带的渲染器,可以把 3ds Max 默认的渲染器关掉,这样可以加快渲染时间。

(2)Global switches(全局开关)选项设置。如图 9-117 所示,取消默认灯光,关闭反射/折射和模糊反射。

图 9-116   设定图像输出尺寸

图 9-117   全局开关选项设置

【小贴士】

> 关闭反射/折射和模糊反射,是为了在测试阶段加快速度,不对材质中具有反射和折射的材质进行渲染。在最后出图阶段,需开启这个选项。

(3)全局照明选项设定。勾选☑On,设置首次反弹引擎为发光贴图,二次反弹引擎为灯光缓存,如图 9-118 所示,并都勾选显示进程。

其他参数设置如图 9-118 所示。

9.3.8   最终渲染参数设置

经过多次调试之后,最终确定出图参数,如图 9-119 所示。具体讲解请参考其他实例内容。

经过反复调整之后，测试渲染效果如图 9-120 所示。

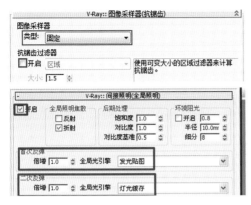 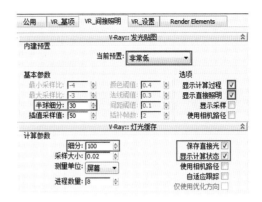

图 9-118　全局照明选项设定

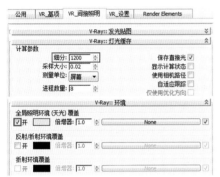  

图 9-119　出图参数

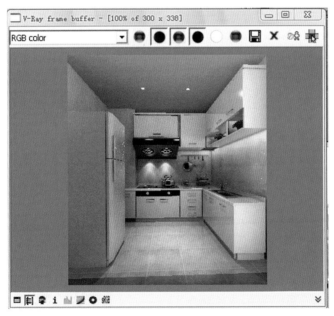

图 9-120　测试渲染效果

【思考与能力拓展】

本案例学习的知识点：首先要掌握厨房空间布光方法；其次需要掌握冷暖光源的搭配使用；最后要灵活掌握厨房空间材质的参数设置。

9.4　实例制作——卫生间渲染场景表现

本案例的卫生间表现的是夜晚灯光效果，在色调上以暖色调为主，配以冷灰色调的卫浴，形成鲜明的色彩对比。墙面饰以马赛克拼花和花瓶装饰，很好地起到了点缀作用。卫生间整体现代感十足,清爽明快,如图9-121所示。

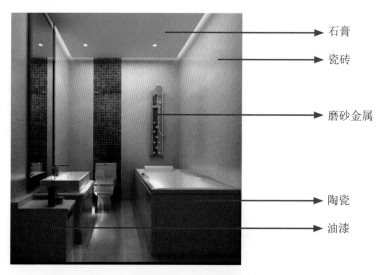

石膏

瓷砖

磨砂金属

陶瓷

油漆

图 9-121　卫生间渲染场景

9.4.1　建模及导入模型

这部分内容请参考客厅空间多边形建模的内容。

9.4.2　初步调节场景材质

本案例的场景主要是由金属、瓷砖、陶瓷和防水石膏吊顶构成，相同的材质在不同空间中参数设置是不一样的。

（1）石膏板吊顶材质参数设置如图9-122所示。

【小贴士】

石膏板质感和乳胶漆墙面质感类似，可参照第7单元中的内容为其设置大高光。

（2）白色陶瓷材质参数设置如图9-123所示。

（3）砖材质参数设置同厨房砖参数设置。

图 9-122　石膏板吊顶材质参数设置

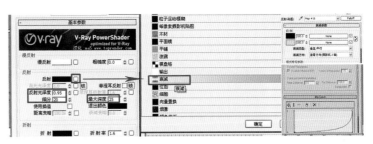

图 9-123　白色陶瓷材质参数设置

9.4.3　创建场景灯光

1．布光思路

本案例用 VR_光源 模拟上方的灯带照明效果，起到空间整体照明和装饰灯光的作用；利用 目标灯光 作为空间主灯，模拟吸顶灯的照明效果；利用 VR_光源 面光源模拟室外天空光。模拟室外天空光如图 9-124 所示。

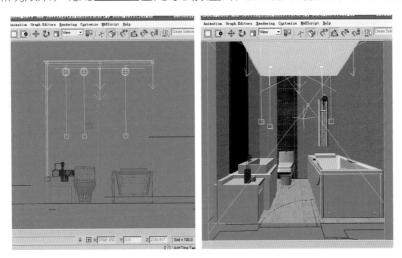

图 9-124　模拟室外天空光

2．灯光设置

（1）在 面板中创建 VR_光源 ，并移动调整到卫生间吊顶的位置作为整体室内的补光源，如图 9-125 所示。为了避免吊顶太暗，单独给吊顶设置光源参数，如图 9-126 所示。

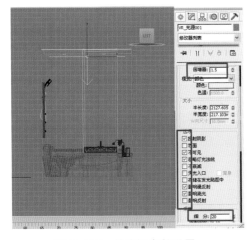

图 9-125　补光源参数设置

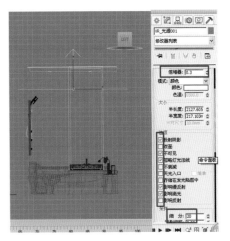

图 9-126　光源参数设置

（2）暗藏灯带位置如图 9-127 所示，参数设置同上，颜色为暖色，倍增为 1.2。

（3）侧光补光位置如图 9-128 所示，参数设置同上，颜色为冷色，倍增为 0.2。

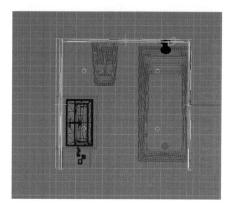

图 9-127　暗藏灯带位置

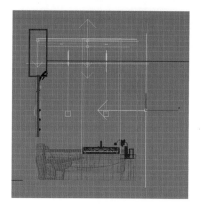

图 9-128　侧光补光位置

（4）在 面板中点击 ，选择光度学类型，单击 目标灯光 ，在前视图中的筒灯位置建立四盏射灯，这四盏射灯为关联复制得到，选择本例提供的光域网文件。射灯参数设置如图 9-129 所示。

在马桶上方设置 目标灯光 作为补光使用，色调为暖黄色，补光参数设置如图 9-130 所示。为了便于读者观看，图 9-131 所示为灯光放置位置。

图 9-129　射灯参数设置

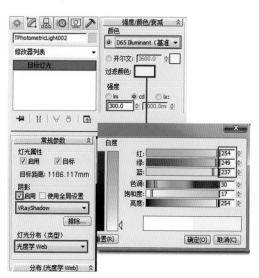

图 9-130　补光参数设置

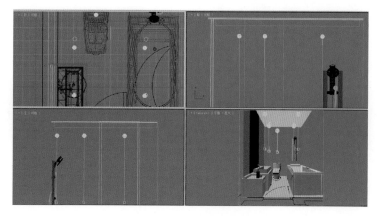

图 9-131　灯光放置位置

（5）在🖐面板中创建 VR_光源 ，并移动调整到卫生间门口的位置。该光源设置为冷色调，模拟天空光的颜色，和卫生间内的暖色吊顶形成对比，如图 9-132 所示。

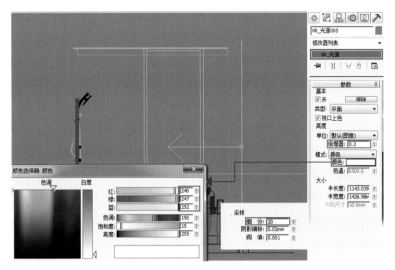

图 9-132　卫生间门口光源设置

至此，灯光设置完毕。

9.4.4　场景优化设置

（1）选择 V-Ray 自带的渲染帧窗口，并设定图像输出尺寸，如图 9-133 所示。

图 9-133　设定图像输出尺寸

【小贴士】

在测试阶段尺寸应该设置得小一些，是为了减少渲染时间。

（2）其他参数设置参考厨房空间设置。

（3）设置颜色贴图选项。

经过初步渲染之后，场景偏亮，通过调节颜色映射选项来调整场景的曝光情况，如图 9-134 所示。

图 9-134　设置颜色贴图选项

9.4.5　出图参数设置

（1）出图参数设置如图 9-135 所示。

图 9-135　出图参数设置

【小贴士】

与 Catmull-Rom 具有明显的画面锐化增强效果不同，Mitchell-Netravali 具有画面柔化效果，比较适合家居效果图温馨气氛的需要。

（2）在全局开关选项中开启反射/折射和模糊反射，否则渲染后材质没有任何的反射/折射效果，如图 9-136 所示。

（3）经过反复调整之后，测试渲染效果，如图 9-137 所示。

 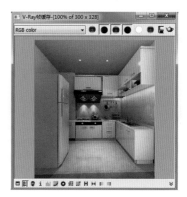

图 9-136　全局开关　　　　　　　　　图 9-137　测试渲染效果

【思考与能力拓展】

本案例学习的知识点：掌握卫浴材质的调节；掌握卫浴空间布光原则，尤其是冷暖光源的使用。

3ds Max yu V-Ray Shineiwai Xiaoguotu Shili Jiaocheng

第 10 单元
室外场景的创建及渲染

本单元通过欧式亭子的制作过程来学习室外场景的创建及渲染。

1. 陶立克柱式的创建

（1）在 ⬚ 中选择线命令，在前视图中绘制长为 170 mm、高为 300 mm 的截面形，如图 10-1 所示。

（2）在 ⬚ 中选择圆命令，在顶视图中绘制半径为 220 mm 的圆形路径，如图 10-2 所示。

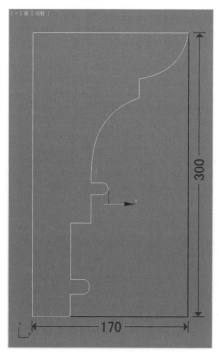
图 10-1　截面形

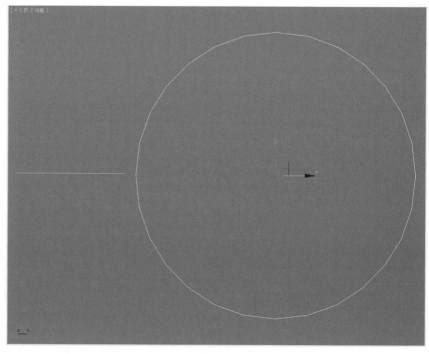
图 10-2　圆形路径

（3）选中截面形，执行放样，获取路径选择圆形路径，效果图如图 10-3 所示。

（4）在放样物体的 ⬚ 中，打开图形层级，在前视图中框选物体，用 ⬚ 工具并在其按钮上单击右键，在弹出的对话框中，设置偏移 Z 轴的参数为 180 mm，旋转后柱头的效果如图 10-4 所示。

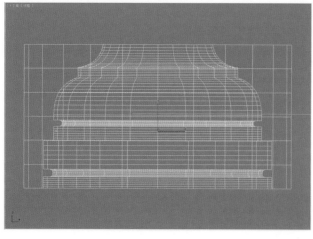
图 10-3　效果图

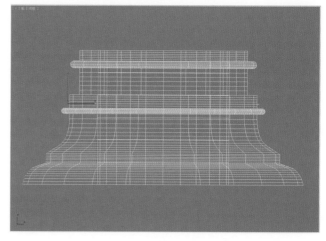
图 10-4　旋转后柱头的效果

（5）退出编辑，确保参考坐标为视图模式，使用 ⬚，设置镜像轴为 Y 轴，镜像后的柱头如图 10-5 所示。

（6）制作柱身。在 ⬚ 中选择 Cone（圆锥体）命令，在顶视图中绘制圆 1，其半径为 230 mm；绘制圆 2，其半径为 190 mm，高度为 2500 mm 的圆锥作为柱身，调整位置至柱头下，如图 10-6 所示。

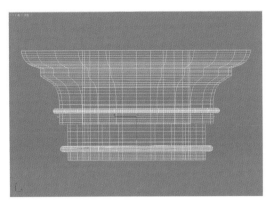

图 10-5 镜像后的柱头

图 10-6 柱身

（7）制作柱头。在 ⟨图标⟩ 中选择线命令，在前视图中绘制长为 130 mm、高为 300 mm 的截面形，如图 10-7 所示。

（8）在 ⟨图标⟩ 中选择圆命令，在顶视图中绘制半径为 220 mm 的圆形路径，如图 10-8 所示。

图 10-7 柱头的截面形

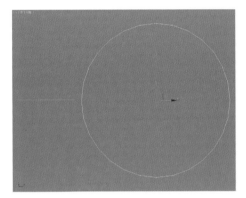

图 10-8 柱头的圆形路径

（9）选中截面形，执行放样，获取路径选择圆形路径，放样后柱头的效果如图 10-9 所示。

（10）在 ⟨图标⟩ 中，打开图形层级，在前视图中框选物体，用 ⟨图标⟩ 工具并在其按钮上单击右键，在弹出的对话框中，设置偏移 Z 轴的参数为 180 mm，旋转后柱头的效果如图 10-10 所示。

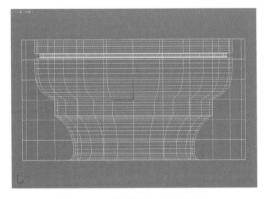

图 10-9 放样后柱头的效果

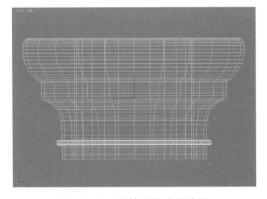

图 10-10 旋转后柱头的效果

（11）退出编辑，确保坐标系为视图模式，用 ⟨图标⟩，设置 Mirror Axis（镜像轴）为 Y 轴，Clone Selection（复制当前选择）为 No clone（不复制），镜像后柱头位置调整至柱身下面，如图 10-11 所示。

（12）制作座基。在 ⟨图标⟩ 中选择线命令，在前视图中绘制一个长为 180 mm、高为 360 mm 的截面形，如图 10-12 所示。

（13）在 🖋 中，执行车削，打开轴层级，在前视图中框选物体，使用 ↻，并在其按钮上单击右键，在弹出的对话框中，设置偏移 X 轴的参数为 −290 mm，并调整其位置至柱头下面，如图 10-13 所示。

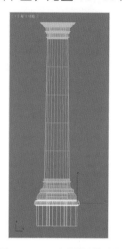

图 10-11　柱头与柱身　　　　　图 10-12　座基的截面形　　　　　图 10-13　座基调整位置

（14）将刚才制作的这一组物体全部选中成组，如图 10-14 所示。为其指定（🖼）一个缺省材质，调节漫反射的颜色为淡黄色，如图 10-15 所示。

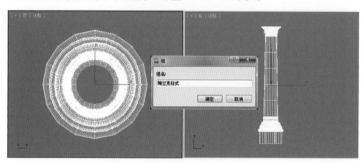
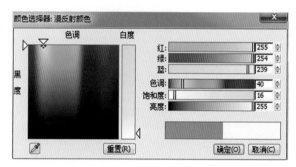

图 10-14　选中所有物体　　　　　　　　　　图 10-15　选择颜色

2. 亭子顶部制作

（1）制作檐口。在 🖉 中选择线命令，在前视图中绘制长为 800 mm、高为 820 mm 的截面形，如图 10-16 所示。

（2）在 🖋 中，执行车削，打开轴层级，在前视图中框选物体，使用 ↻，单击右键，在弹出的对话框中，设置偏移 X 轴的参数为 −2300 mm，命名为"檐口"，移动后檐口的效果如图 10-17 所示。

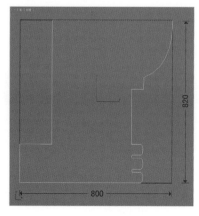
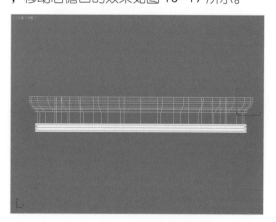

图 10-16　绘制截面形　　　　　　　　　图 10-17　移动后檐口的效果

将前一步骤的材质再指定🖰给檐口。

（3）选中陶立克柱式，用↻使之结合，调整其位置，如图10-18所示。

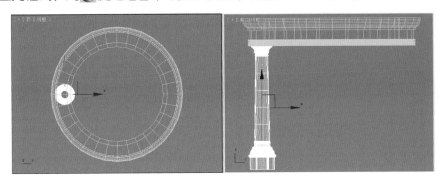

图10-18　调整陶立克柱式的位置

（4）在顶视图中选中檐口，单击🔧，在调整轴中，单击Affect Pivot Only（仅影响轴），再单击🖲中的Center to Object（中心对齐），此时檐口轴心的位置如图10-19所示。

（5）在顶视图中选中陶立克柱式，单击🔧，在调整轴中，单击仅影响轴，再单击🖲中的中心对齐，单击檐口，此时柱式轴心的位置如图10-20所示。

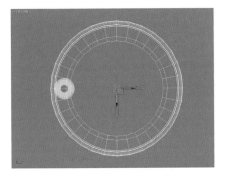 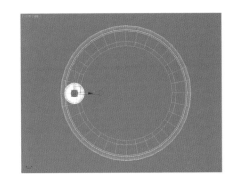

图10-19　檐口轴心的位置　　　　　　　　图10-20　居中到对象后轴心的位置

（6）按下🖲，单击檐口，在弹出的对齐当前选择对话框中，将Align Position（对齐位置）勾选为X、Y位置；将Current Object（当前对象）勾选为Center（中心）；将Target Object（目标对象）勾选为Center（中心），按 确定 ，柱式轴心的位置如图10-21所示。

（7）退出🔧，在顶部菜单行选择工具项中的阵列命令，在弹出的阵列对话框中，设置参数如图10-22所示，然后单击 确定 ，环形阵列效果如图10-23所示。

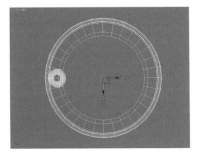 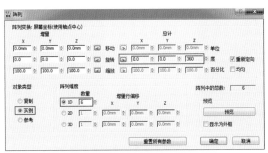 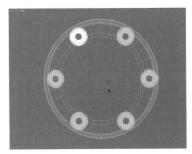

图10-21　柱式轴心的位置　　　　　　图10-22　设置参数　　　　　　　图10-23　环形阵列效果

（8）制作穹顶。在○中选择球体命令，在顶视图中创建一个半径为2215 mm的球体，设置球体的分段数为23，半球为0.5，并调整位置至檐口上面，如图10-24所示。

（9）在 ⏹ 中，执行 Lattice（晶格）命令，在晶格的参数卷展栏中，设置参数，如图 10-25 所示。此时，球体的效果如图 10-26 所示，再为其指定 ⏹ 一个缺省的材质，设置其漫反射的颜色为白色，设置自发光颜色参数为 30，如图 10-27 所示。

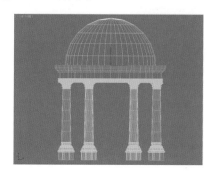

图 10-24　创建球体

图 10-25　晶格的参数卷展栏

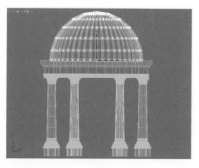

图 10-26　球体的效果

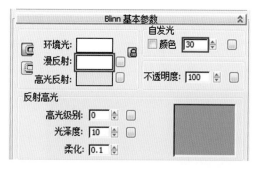

图 10-27　设置漫反射及自发光颜色参数

（10）制作柱头。在 ⏹ 中选择线命令，在前视图中绘制一个长为 300 mm、高为 530 mm 的截面形，如图 10-28 所示。

（11）在 ⏹ 中选择圆命令，在顶视图中绘制半径为 400 mm 的圆形路径，如图 10-29 所示。

图 10-28　绘制截面形

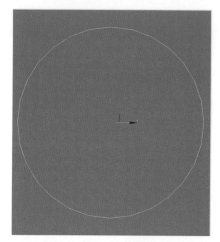

图 10-29　绘制圆形路径

（12）选截面形，执行放样，获取路径选择圆形路径，放样后柱头的效果如图 10-30 所示。

（13）在 ⏹ 中，打开图形层级，在前视图中框选物体，使用 ⏹ 并在其按钮上单击右键，在弹出的 Rotate Transform Type-In（选择并旋转）对话框中，设置 Z（偏移 Z 轴）的参数为 180°，旋转后柱头的效果如图 10-31 所示。

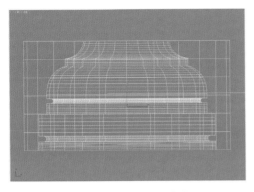

图 10-30　放样后柱头的效果

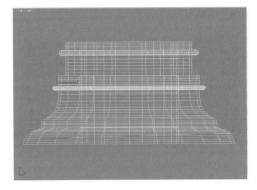

图 10-31　旋转后柱头的效果

（14）退出编辑，确保坐标系为视图模式，使用 ，设置镜像轴为 Y 轴，"克隆"当前选择为"不克隆"，并调整其位置至球体下面，如图 10-32 所示。将指定（ ）给半球的材质再指定（ ）给柱头。

（15）在 中选择球体命令，在顶视图中创建半径为 510 mm 的球体，设置半球为 0.5，并调整其位置至柱头下面，如图 10-33 所示。

（16）在 中选择圆锥体命令，在顶视图中创建半径 1 为 70 mm，半径 2 为 20 mm，高度为 2 430 mm 的圆台，并调整至球体下面，如图 10-34 所示。将指定（ ）给半球的材质再指定（ ）给圆锥体。

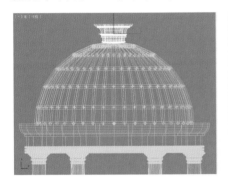

图 10-32　镜像后柱头的效果

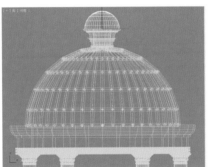

图 10-33　球体的效果

图 10-34　创建圆锥体

3.　制作底座

（1）在 中选择圆柱体命令，在顶视图中创建半径为 3 300 mm，高为 320 mm，高度分段为 1，边数为 32 的圆柱体，并调整其位置至柱式下面，如图 10-35 所示。

（2）为底座指定（ ）一个配套光盘中提供的地面贴图 grycon3.jpg 图片，拖拽此贴图至凹凸贴图类型中，设置凹凸数量为 394，如图 10-36 所示。

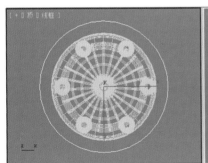

图 10-35　创建圆柱体

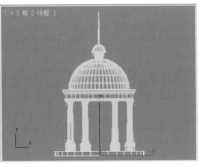

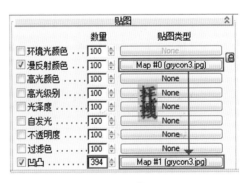

图 10-36　贴图

4. 制作水面场景

（1）制作水池。在○中选择 Tube（管状体）命令，在顶视图中创建半径 1 为 17 000 mm，半径 2 为 18 780 mm，高度为 810 mm，高度分段为 1，边数为 34 的管状体，调整位置至欧式亭子的中心位置，如图 10-37 所示。将指定（◎）给陶立克柱式的材质再指定（◎）给管状体。

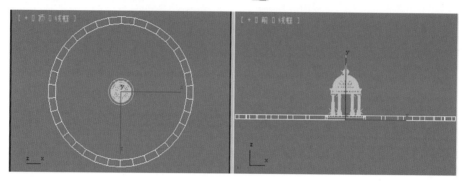

图 10-37　创建管状体

（2）制作水面。在○中选择圆柱体命令，在顶视图中创建半径为 17 800 mm，高度为 -320 mm，高度分段为 1，边数为 15 的圆柱体，调整位置至水池的中心位置，如图 10-38 所示，并将其命名为"水面"。

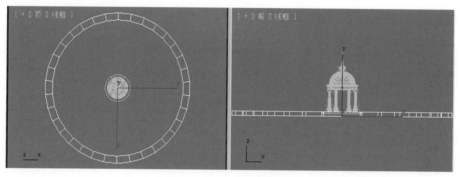

图 10-38　创建圆柱体

（3）为水面指定（◎）一个缺省的材质，设置其漫反射的颜色，如图 10-39 所示。设置高光级别为 287，设置光泽度为 47，在其凹凸贴图类型中添加噪波，在坐标卷展栏中，设置 X 轴平铺参数为 0.004，设置 Y 轴平铺参数为 0.002。

（4）噪波参数设置大小为 1，返回上层级，设置凹凸值为 205，在反射贴图类型中添加平面镜，设置反射数量为 60，如图 10-40 所示。

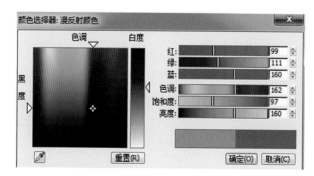

图 10-39　设置漫反射的颜色

图 10-40　设置凹凸参数

（5）制作水中踏步。在○中选择长方体命令，在顶视图中创建长度为 900 mm，宽度为 550 mm，高度为 280 mm 的长方体，如图 10-41 所示。将指定（🔧）给底座的材质再指定（🔧）给长方体。

（6）选长方体，在顶视图中复制 10 个，调整其位置，如图 10-42 所示。

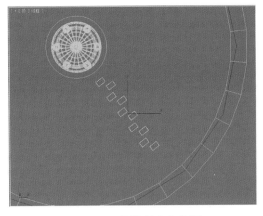

图 10-41　创建长方体　　　　　　　图 10-42　调整长方体位置

（7）制作地面。在 ⭕ 中选择长方体命令，在顶视图中创建长度为 39 000 mm，宽度为 50 600 mm，高度为 370 mm 的长方体，并将其命名为"地面"，调整其位置，如图 10-43 所示。

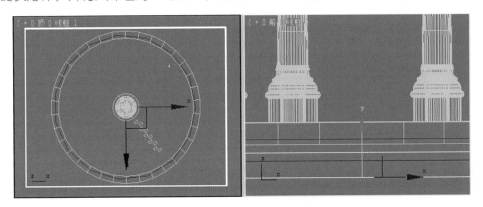

图 10-43　创建长方体作为地面

（8）为地面指定（🔧）一个缺省的材质，在其漫反射颜色贴图类型中打开配套光盘中提供的 stucco8.jpg 图片，并拖拽此贴图至凹凸贴图类型中，设置凹凸数量为 141，如图 10-44 所示。

（9）使用 UVW 贴图修改命令，适当将纹理调整得密一些，参数设置如图 10-45 所示。

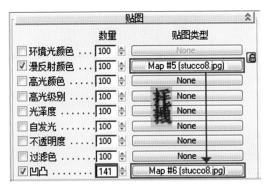

图 10-44　拖拽此贴图至凹凸贴图类型中　　　　图 10-45　参数设置

（10）制作背景。在 ⭕ 中选择平面命令，在前视图中创建长度为 33 440 mm，宽度为 66 400 mm 的平面作为背景，调整其位置，如图 10-46 所示。

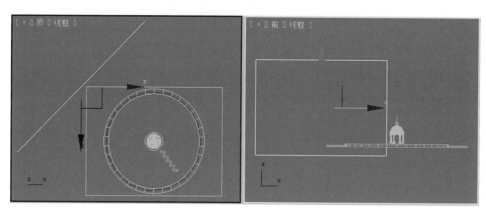

图 10-46　创建平面作为背景

（11）为平面指定（🔲）一个缺省的材质，设置自发光颜色参数为 100，在其漫反射颜色贴图类型中打开配套光盘中提供的 Mountains.jpg 图片，在不透明度贴图类型中打开配套光盘中提供的 Matte2.JPG 图片，如图 10-47 所示。

（12）单击渲染菜单中的环境项，在环境贴图中为其添加 Gradient（渐变）命令，将此贴图拖拽到一个缺省材质中，如图 10-48 所示，为其添加一个蓝色的过渡色通道。

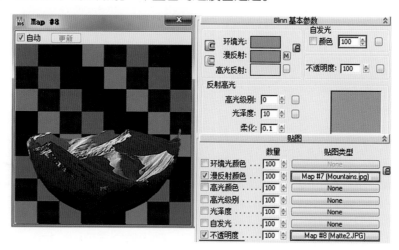

图 10-47　设置其漫反射的颜色

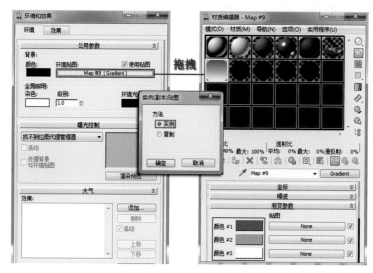

图 10-48　设置环境贴图过渡色通道

5. 创建摄影机圝视图

顶视图中创建目标摄影机，设置镜头参数为33，激活透视视图后，按键盘上的【C】键，将透视视图转换为摄影机视图观察，其位置如图10-49所示。

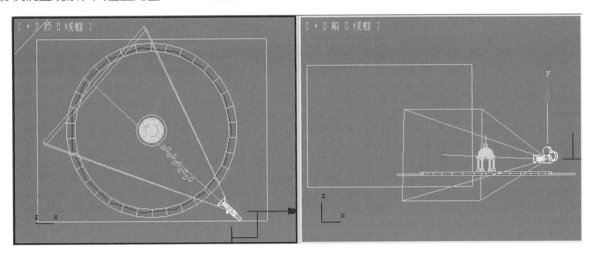

图 10-49　摄影机的位置

6. 场景照明设置

（1）使用◯中的标准命令，在前视图中创建目标平行光，如图10-50所示。

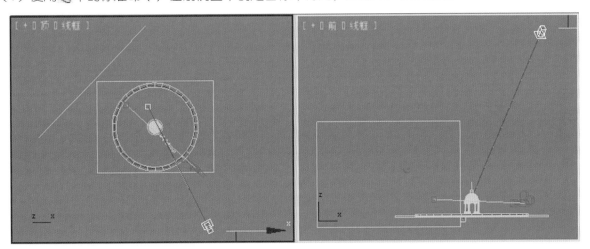

图 10-50　目标平行光位置

（2）在常规参数卷展栏中进行参数设置，如图10-51所示。

图 10-51　在常规参数卷展栏中进行参数设置

（3）在强度/颜色/衰减栏中设置倍增参数为1.1，颜色设置如图10-52所示。

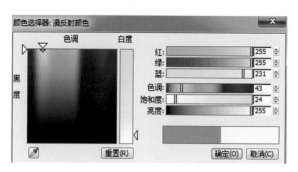

图 10-52　颜色设置

（4）在平行光参数栏中进行参数设置，如图 10-53 所示，在 Advanced Effects（高光级别）栏中设置 Affect Surfaces（影响曲面）的 Contrast（对比度）为 35，作为场景中的主光源。

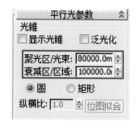

图 10-53　平行光参数设置

（5）使用 中的标准命令，在前视图中创建目标平行光，如图 10-54 所示。

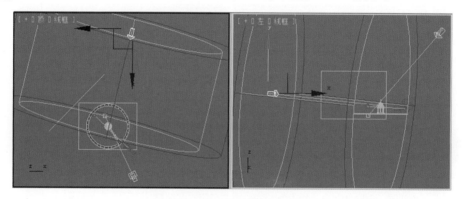

图 10-54　目标平行光位置

（6）在强度 / 颜色 / 衰减栏中设置倍增参数为 0.45，颜色设置如图 10-55 所示。在平行光参数栏中进行参数设置，如图 10-56 所示。在高光级别栏，设置影响曲面栏中的对比度为 35，作为场景中的辅助光源。

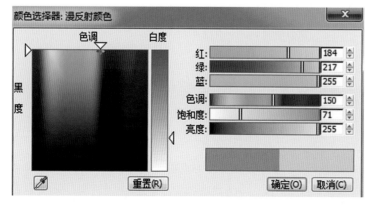

图 10-55　颜色设置

图 10-56　平行光参数设置

（7）使用中的标准命令，在前视图中从下往上创建目标平行光，如图 10-57 所示。

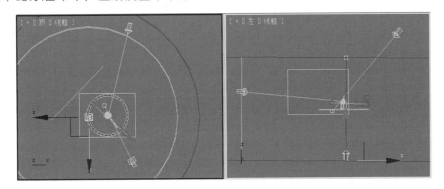

图 10-57　目标平行光位置

（8）在强度 / 颜色 / 衰减栏中设置倍增参数为 0.3，颜色设置如图 10-58 所示。在平行光参数栏中进行参数设置，如图 10-59 所示，在高光级别栏，设置影响曲面栏中的对比度为 35，作为场景中的辅助光源。

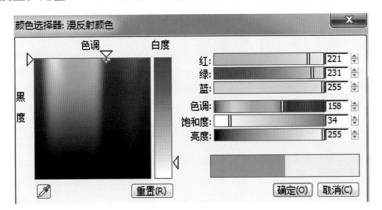

图 10-58　颜色设置

图 10-59　平行光参数设置

【小贴士】

在本例的场景中我们使用三个光源对场景进行了照明设置，这也是室内外场景及工业产品渲染中常用的"三点照明法"。

"三点照明法"是来自摄影棚中的灯光布置方案，其中三种灯光分别为 key light（主光）、fill light（辅助光）与 back light（背光）。

三点照明方案的具体步骤如下。

（1）一切从黑暗开始。

（2）创建主光。在顶视图中创建一个聚光灯，与摄影机或视角的夹角为 15°～ 45° 目标点指向主题物体。在侧视图中向上移动光源出发点，使它高出摄影机 15°～ 45°。

（3）创建辅助光。辅助光可以模拟来自天空的光线或场景中相对比较次要的光源，如台灯的光线、场景中的反射光和漫反射光。可以使用聚光灯、泛光灯，辅助灯不一定是一盏，也可能是多盏。方向从顶视图看要和主光相对，高度与物体保持相同，但要比主光低一些。亮度为主光的一半左右，要使环境阴影多一些，可以使用主光 1/8 左右的亮度，如果使用多盏辅助灯，亮度的总和为主光的 1/8～ 1/2。颜色应与环境色相匹配。

（4）设置背光。背光勾勒出物体的轮廓，以使主题物体从背景中分离出来。在前视图中打一盏聚光灯，把它放到物体的后面或底部，与摄影机或观察角度相对。位置要超出主题物体一些。

（9）将常规参数栏中的阴影开启选项 ☑ 取消，单击 [排除...] 按钮，将地面、水面、底座物体排除照明影响。渲染后场景效果如图 10-60 所示。

图 10-60　渲染后场景效果

【思考与能力拓展】

本节运用 3ds Max 的标准材质、灯光对室外场景进行了渲染，也可以使用 V-Ray 材质、灯光来渲染场景模型，请对比两者的渲染效果。

［1］李斌，朱立银．3ds Max/VRay 印象室内家装效果图表现技法［M］．2版．北京：人民邮电出版社，2012.

［2］传奇动画工作室．3ds max 8 户型动画巡游经典案例解析［M］．北京：电子工业出版社，2006.

［3］火星时代．3ds Max&VRay 室内渲染火星课堂［M］．2版．北京：人民邮电出版社，2012.